普通高等院校机电工程类规划教材

机械制图实践教程

王国顺　谢军　主编

清华大学出版社

北京

内容简介

本书分为6章。第1章为零部件测绘的基本知识，主要讲述零部件测绘的目的、内容和要求，以及常用测绘工具的使用方法；第2章为零件测绘，主要讲述零件测绘的基本知识以及箱体类零件的零件图绘制；第3章为部件测绘，主要讲述部件测绘的基本知识以及齿轮油泵的测绘；第4章为指导性实例分析，列举3种难度不同的齿轮油泵，引导读者独自完成装配体测绘和零件图、装配图的绘制，同时配有3套完整的齿轮油泵立体图，便于读者参考，减轻读者对实物模型的依赖；第5章为计算机绘图，包括二维图形的绘制和典型模型的绘制；第6章为拆画零件图习题，让学生进行全面的练习，以巩固所学知识。

本书对机械制图实践环节的内容进行了科学、系统和合理地整合，既可以作为理论课程的配套教材，也可以作为实践环节的独立教材。本书适用于理工科机械类本科学生，也可供教师讲授零件图和装配图时参考。

图书在版编目(CIP)数据

机械制图实践教程/王国顺，谢军主编.—北京：清华大学出版社，2009.6（2024.12重印）
（普通高等院校机电工程类规划教材）
ISBN 978-7-302-20131-1

Ⅰ.机… Ⅱ.①王… ②谢… Ⅲ.机械制图－高等学校－教材 Ⅳ.TH126

中国版本图书馆CIP数据核字(2009)第073211号

责任编辑：庄红权 洪 英
责任校对：刘玉霞
责任印制：刘 菲

出版发行：清华大学出版社
网 址：https://www.tup.com.cn，https://www.wqxuetang.com
地 址：北京清华大学学研大厦A座 邮 编：100084
社 总 机：010-83470000 邮 购：010-62786544
投稿与读者服务：010-62776969，c-service@tup.tsinghua.edu.cn
质量反馈：010-62772015，zhiliang@tup.tsinghua.edu.cn
印 装 者：北京鑫海金澳胶印有限公司
经 销：全国新华书店
开 本：185mm×260mm **印 张**：8 **字 数**：190千字
版 次：2009年6月第1版 **印 次**：2024年12月第15次印刷
定 价：24.00元

产品编号：033000-03

前　　言

工程制图是工科院校的一门技术基础课，其最大特点是实践性强。

制图实践环节是机械类本科学生在学完工程制图理论课程之后开设的集中实践教学环节。目的是通过装配体的测绘、零件图和装配图的绘制、计算机建模、虚拟装配等实践过程，让学生进一步理解零件的工艺与功能结构，掌握零件在装配体中的配合关系，演练实际机械设计中的绘图过程。通过这样一个完整的实践环节，提高学生的现代工程意识和工程实践能力，培养学生运用所学知识解决实际问题的能力，为后续的课程设计和毕业设计以及学生综合素质和创新能力的培养奠定基础。

本书采用理论与案例教学相结合的方法，以具有典型装配关系和难度渐进的卧式齿轮油泵和两种立式齿轮油泵为实例，通过对装配体的拆装，掌握常用测绘工具的使用方法和零件的测绘方法。通过部件测绘，了解部件的工作原理、零件的作用、拆装顺序以及零件之间的装配关系等。通过上机实践，使学生全面熟练掌握三维建模技术和二维工程图的绘制。

本书可供机械类学生为期1～3周的集中实践教学环节使用，在使用过程中，教师可根据具体情况，对教学内容进行取舍。同时，本书也可供相关专业的教师和工程技术人员参考。

参加本书编写工作的有：大连交通大学王国顺（第2章、第3章、第5章、第6章及部分附录）；谢军（第5章部分）；朱静、张凤莲、廖青梅（第4章）；唐立波（部分附录）；大连交通大学信息工程学院吕海霆（第1章）。由王国顺、谢军任主编，李宝良教授任主审。

在本书的编写过程中，参考了相关的教材、习题集等，在此谨向有关作者表示感谢。

本次编写工作是在自编校内讲义的基础上修订完成的，限于我们的水平和工程背景的局限，加之时间紧迫，内容不当之处在所难免，敬请各位读者批评指正。

编　者

2009年5月

目　录

第 1 章　零部件测绘的基本知识

本章主要介绍机器测绘的目的、要求和内容以及常用测绘工具的使用方法。

1.1　零部件测绘的目的、内容和要求

1.1.1　零部件测绘的目的

根据已有的零件画出零件图的过程称为测绘。当需要对原有机器进行维修、技术改造或仿造时,在没有现成技术资料的情况下,往往要对有关机器的某些零件或机械的一部分或整体进行测绘,根据测绘尺寸绘制零件草图,经过后续的尺寸圆整和规范化、选取必要的公差与配合制度、制定技术要求等工作,最终绘制正规的零件图和装配图。

通过对零部件的集中测绘训练,能够了解一般测绘程序、步骤和常用测量工具的使用方法,掌握各类零件草图和工作图的绘制方法、尺寸的分类以及尺寸协调和圆整的原则和方法。通过对装配体中每个零件的作用、结构、性能的分析,深刻理解零部件中的公差、配合、粗糙度及其他技术条件的基本鉴别和选取原则,从而提高工科学生的工程意识和设计能力。

通过一个完整的实践环节,加深对机械制图课程的基础知识、基本技能和国家标准等的理解和掌握,提高综合分析问题和运用知识的能力,进一步加强理论与实践的结合力度,为后续课程的学习和衔接奠定坚实的基础。由于实践活动分组进行,从而可以培养学生的协作精神和团队意识。

1.1.2　零部件测绘的内容

1. 了解分析部件

对测绘对象全面了解和分析是测绘工作的第一步。应首先了解零部件测绘的任务和目的,决定测绘工作的内容和要求。可通过观察实物和查阅产品说明书及有关图样资料,了解零部件(或机器)的性能、功用、工作原理、传动系统和运转情况,以及制造、试验、修理、调整和拆卸等情况。

2. 拆卸零部件

拆卸零部件时应注意以下几点:

(1) 拆卸前应先测量一些必要的尺寸数据,如某些零件间的相对位置尺寸、运动件极限位置的尺寸等,以作为测绘中校核图纸的参考。

(2) 要周密制定拆卸顺序,划分部件的各组成部分,合理地选用测绘工具和正确的拆卸方法,按一定顺序拆卸,严防胡乱敲打。零件拆卸后,应按一定的顺序摆放,粘贴标签并编号。

(3) 对精度较高的配合部位或过盈配合，应尽量少拆或不拆，以免降低精度或损坏零件。

(4) 拆卸时要认真研究每个零件的作用和结构特点、零件间的装配关系及传动情况，正确判别配合性质和加工要求。

3. 画装配示意图

装配示意图是拆卸过程中绘制的记录图样。零件之间的真实装配关系只有在拆卸后才能显示出来，因此必须边拆边画，记录各零件间的装配关系，作为绘制装配图和重新装配的依据。

装配示意图是用单线条和规定符号画出来的。画装配示意图时，可把装配体看成是透明的，这样就可以把它的内、外、前、后结构按需要表达在一个或两个视图上。画装配示意图的顺序是先画主要零件的轮廓，然后按装配顺序把其他零件逐个画出。

4. 测绘零件，画零件草图

零件草图是画装配图和零件图的依据，一般应徒手绘制。在部件测绘中画零件草图时应注意以下几点：

(1) 标准件只需测量其主要尺寸，查有关标准，确定规定标记，不必画零件图，其余所有零件都必须画出零件图。

(2) 画零件草图可先从主要的或大的零件着手，按照装配关系依次画出各零件草图，以便随时校核和协调零件的相关尺寸。

(3) 两零件的配合尺寸或结合面的尺寸量出后，要及时填写在各自的零件草图中，以免发生矛盾。

5. 根据装配示意图和零件草图绘制装配图

一张完整的装配图应包括以下内容：

(1) 一组图形　用一组视图正确、完整、清晰地表达机器或部件的工作原理，零件之间的相对位置关系、连接关系、装配关系，主要零件和重要零件的结构形状。

(2) 必要的尺寸　用来表示机器或部件的性能和规格、零件间的配合、零部件的安装、关键零件间的相对位置以及机器的总体尺寸。其他结构的尺寸不必注出。

(3)技术要求　用来说明机器或部件在装配、安装、调整、检验、维修及使用时必须满足的技术条件。

(4) 零件的序号、明细栏和标题栏　序号与明细栏的配合说明了零件的名称、数量、材料、规格等，在标题栏中填写部件名称、数量及生产组织和管理工作需要的内容。

1.1.3　零部件测绘的要求

零部件测绘是一项复杂、细致、严谨的工作，通过整个教学环节，应达到下列要求：

(1) 掌握零部件测绘的一般程序、步骤和内容，理解测绘机器或部件的工作原理、零件与零件之间的装配关系。

(2) 通过研究拆卸方法和拆卸顺序，学会部件分解，掌握装配示意图的画法。

(3) 能够徒手绘制出零件草图，标注尺寸和确定技术要求，进而绘制零件工作图。

(4) 掌握常用测量工具的使用场合和方法，通过查表能够进行尺寸圆整和协调，确定公差配合及表面粗糙度的等级或数值，完成技术要求。

(5) 能够确定被测零件的材料、种类、名称、热处理方法及表面要求等。

(6) 学会编制标准件、外协件明细表，确定标准件的国家标准代号。

(7) 能够根据零件草图绘制装配图（包括部件图和总装图），提高发现问题、分析问题和解决问题的能力，能够提出几种表达方案并进行优化。

(8) 能够对整套图纸和技术文件进行全面审查，总揽全局。

1.2　常用测绘工具及其使用方法

在测绘工作中，零件尺寸的获得多数情况下是通过测量得到的。正确使用各种量具进行科学、合理、准确的测量是测绘工作的重要环节之一。

1.2.1　常用测量工具

在机械制图实践教学中，测绘时常用的量具有直尺（钢板尺）、外卡钳、内卡钳、游标卡尺等，具体见表1-1。

表1-1　常用测量工具

名称	简　图	测量范围	说明
直尺（钢板尺）		线性尺寸	直接读数，精度为1mm
外卡钳		轴径、壁厚等	与直尺配合读数
内卡钳		孔径	
游标卡尺		线性尺寸、轴径和孔径	精度为0.02mm

在测量过程中，应根据零件尺寸的精确程度选用相应的量具。精度低的尺寸可用内、外卡钳及钢板尺测量，精度较高的尺寸应采用游标卡尺或千分尺进行测量。测量尺寸时

要合理、正确地使用量具。例如测量非加工面的尺寸时，选用卡钳和钢板尺；测量加工表面的尺寸时，选用游标卡尺或千分尺或其他适当高精度的测量工具。这样既可保证测量精度，又可维护精密量具的使用寿命。

1.2.2　常用测量方法

1. 测量长度

测量零件的长度、高度等直线尺寸，可使用钢板尺、游标卡尺等量具。图 1-1 是用钢板尺测量长度的示例，图 1-2 为用直尺和三角板配合测量高度的示例。如果需要测量很精确的尺寸，则应该选用卡尺。

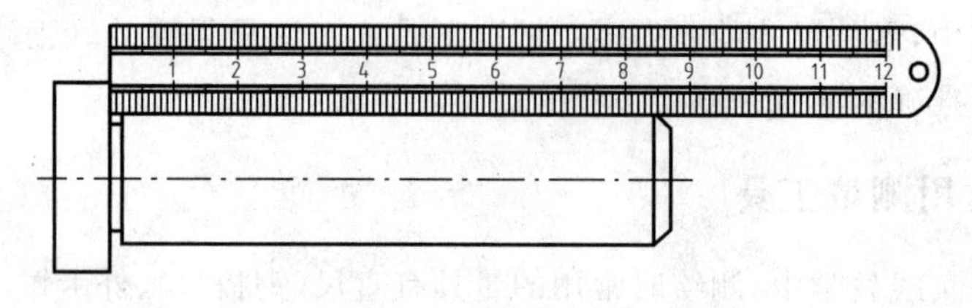

图 1-1　长度的测量

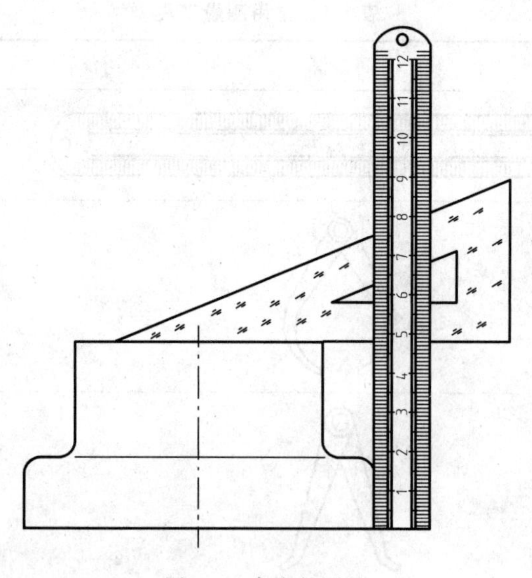

图 1-2　高度的测量

2. 测量回转体直径

外卡钳主要用于测量回转体的外径。测量方式如图 1-3(a)所示，量出后要在钢板尺上读取数值(见图 1-3(b))。

内卡钳主要用于测量孔径。测量方式如图 1-4(a)所示，量出后在钢板尺上读取数值(见图 1-4(b))。当对测量尺寸的精度要求高时，可以使用游标卡尺测量轴径和孔径，还可以利用尺背面的细杆直接测出深度尺寸，如图 1-5 所示。

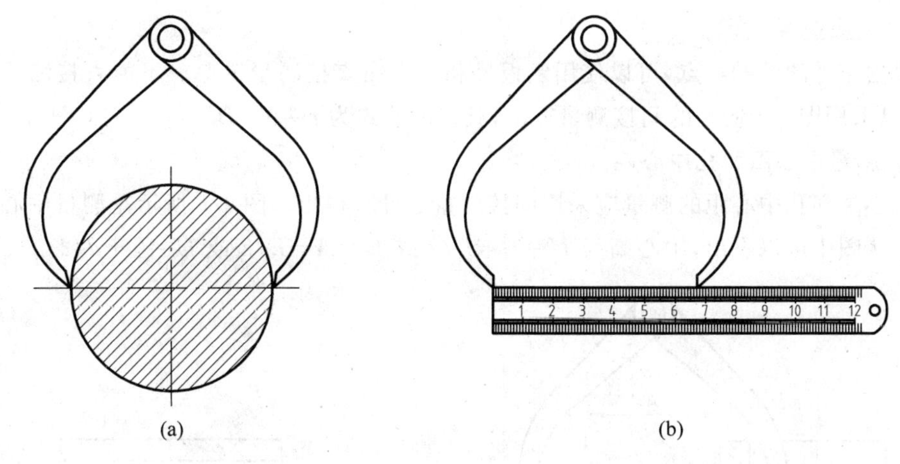

图 1-3　外径的测量

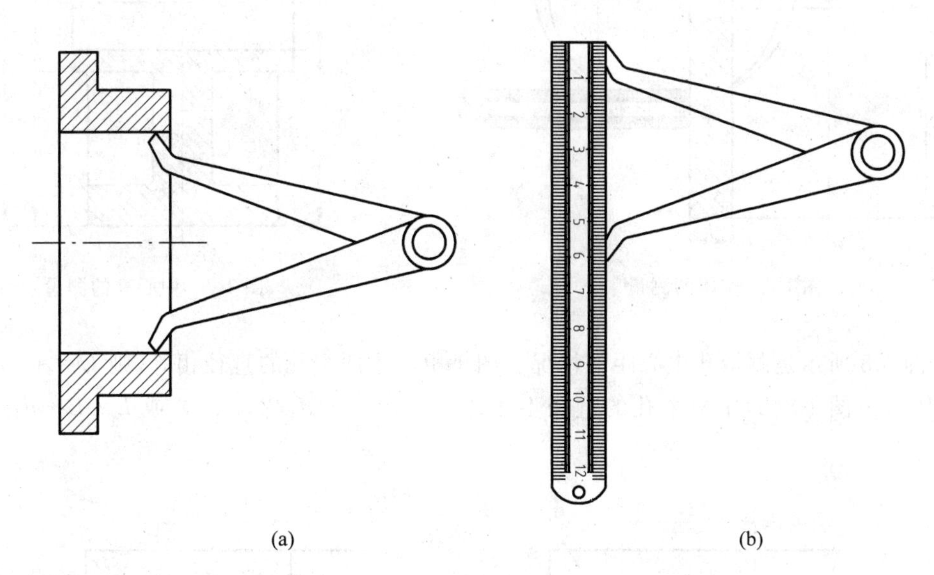

图 1-4　孔径的测量

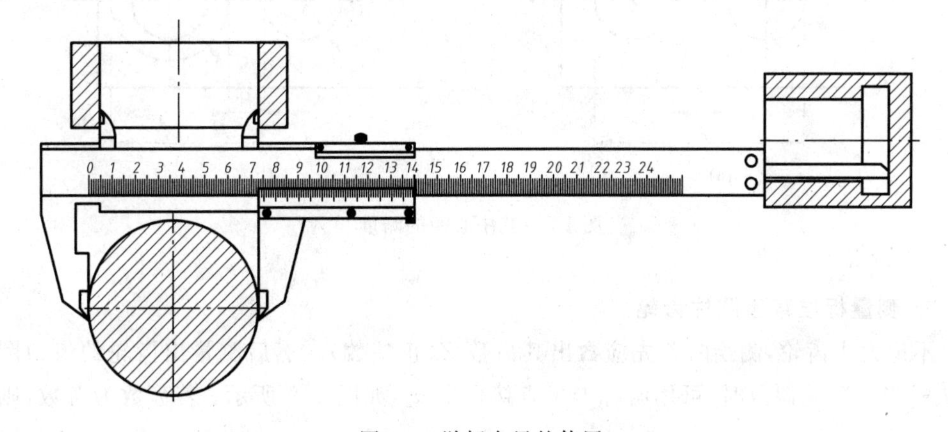

图 1-5　游标卡尺的使用

3. 测量壁厚

根据零件的结构特点,可以使用钢板尺和外卡钳直接测量壁厚。不能直接测量的壁厚,可以采用图 1-6 所示的间接测量方法,其厚度公式为 $t=A-B$。

4. 测量中心高和孔中心距

中心高和孔中心距的测量应采用间接测量法计算得出。图 1-7 所示是测量中心高的方法。从图中可以看出,中心高为 $H=B+D/2$ 或 $H=A-D/2$ 或 $H=C+d/2$。

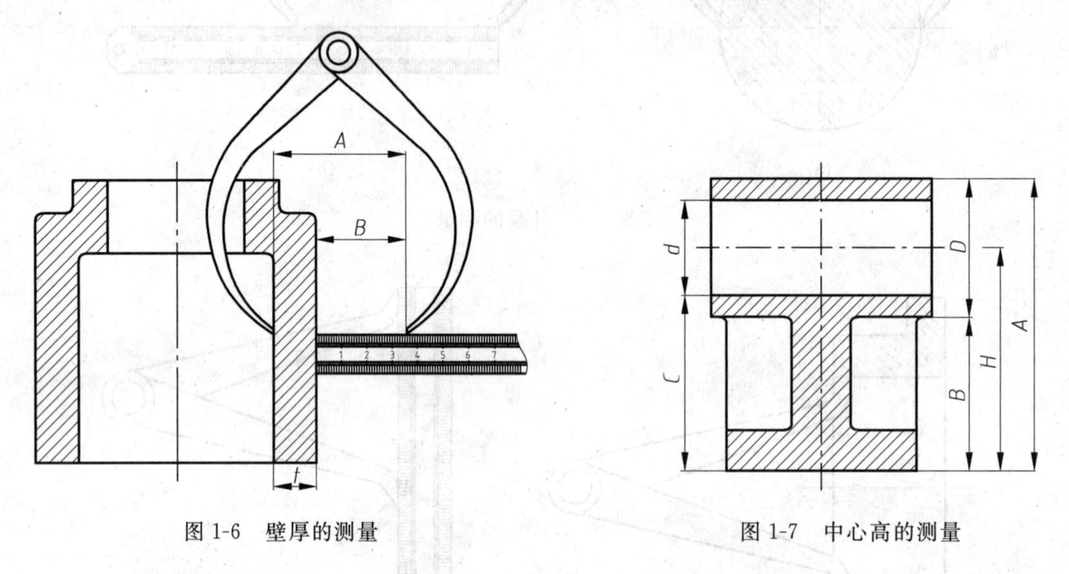

图 1-6　壁厚的测量

图 1-7　中心高的测量

图 1-8 所示是测量孔中心距的情况。图 1-8(a)中两个孔的直径相等,则 $L=A-d$ 或 $L=B+d$;图 1-8(b)中两个孔的直径不相等,则 $L=A-d_1/2-d_2/2$ 或 $L=B+d_1/2+d_2/2$。

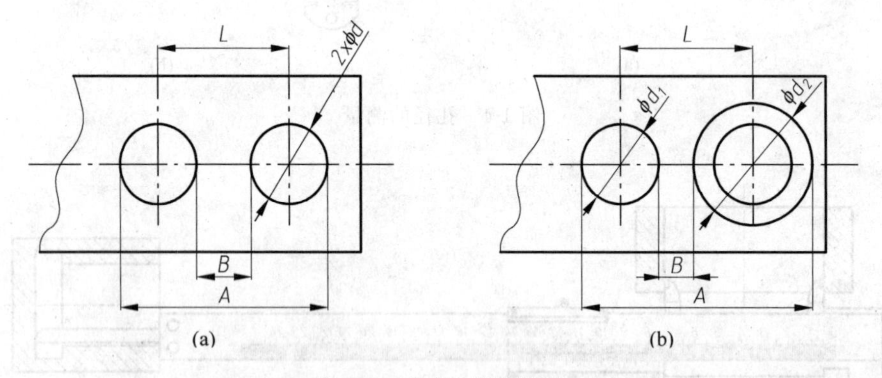

图 1-8　孔中心距的测量

5. 测量标准直齿圆柱齿轮

不论大小齿轮,测绘时首先应数出其齿数 Z(正整数)。然后测量出齿轮的齿顶圆直径 d_a。当齿数是偶数时,可用游标卡尺直接量出 d_a,如图 1-9 所示;若齿数为奇数,则可采用如图 1-10 所示的方法，间接计算出 $d_a=2e+d$。根据公式 $m=\frac{d_a}{Z+2}$求出模数 m 后，从标准模数(GB 1357—1987)中选取相近似的数值，使模数 m 标准化，根据模数 m、齿数 Z 和有关公式，重新计算出齿顶圆、齿根圆和分度圆的直径。

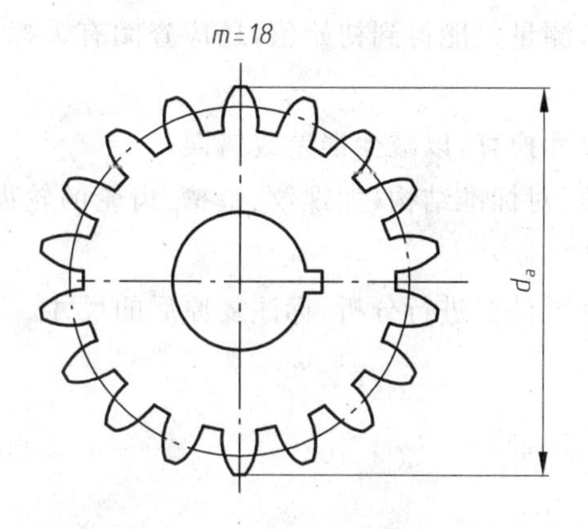

图 1-9　偶数齿齿轮的测量

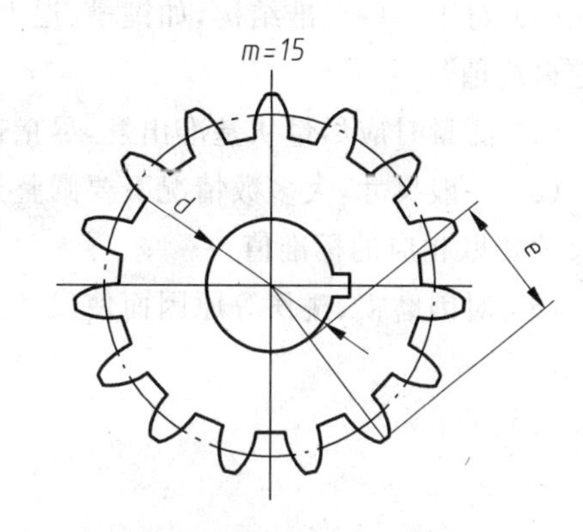

图 1-10　奇数齿齿轮的测量

6. 测量螺纹

测绘公制普通螺纹时，要测量螺纹的外径和螺距。螺纹的外径(公称直径)可以用游标卡尺直接测量。螺距的测量有两种方法：一种方法是使用螺纹规测量，直接读取数值，如图 1-11 所示；另一种方法是采用拓印法来测定，如图 1-12 所示，则螺距初始值为

$$t_0=\frac{L}{n}$$

由于螺纹结构是标准结构，计算得出 t_0 后还需要查阅手册，选取与 t_0 接近的标准值。对于内螺纹，通常用测量与它相连接的外螺纹尺寸来获得，内螺纹的深度可以用游标卡尺测量。

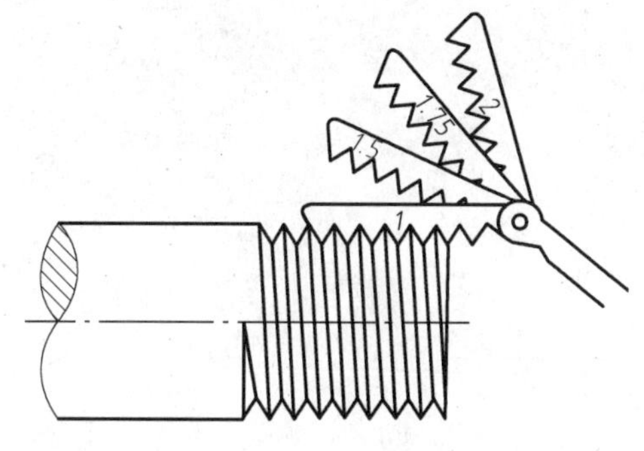

图 1-11　螺纹规测量螺距

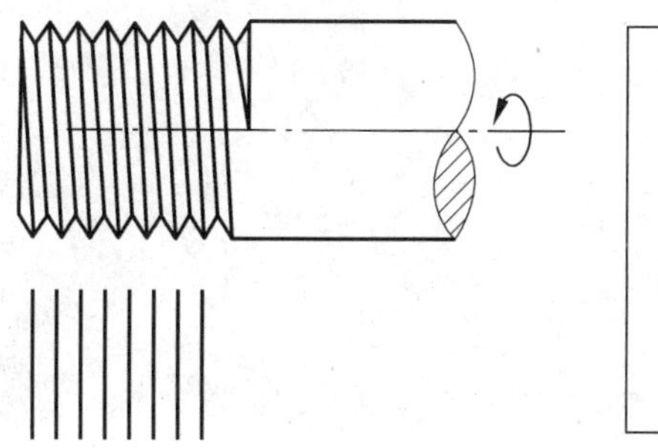

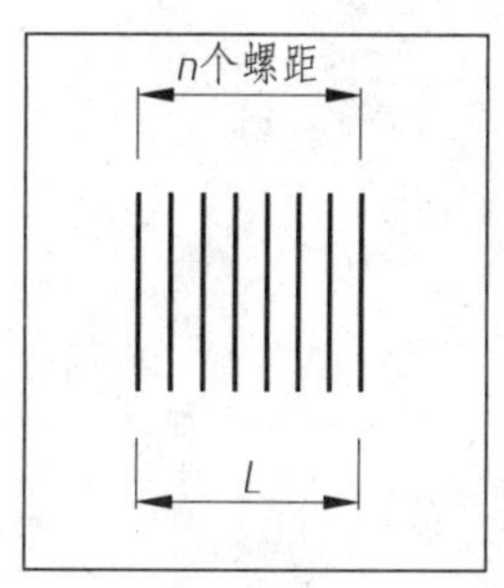

图 1-12　拓印法测量螺距

1.2.3 测绘的注意事项

(1) 实际测绘时,应仔细分析零件的结构特点,采用既简洁又准确的测量方法。

(2) 对于一些重要尺寸,如两齿轮啮合的中心距,除了测量外,还需要计算确认。

(3) 对于一些标准结构,如键槽、退刀槽等,测量只能得到初始值,还应查阅有关标准确定最终值。

(4) 测量时应尽量从基准出发,尽量避免尺寸换算,以减少误差或错误。

(5) 一般尺寸,大多数情况下要圆整到整数,对标准结构(如螺纹、键槽、齿轮的轮齿)的尺寸要取相应的标准值。

(6) 对因磨损、碰伤等原因而使尺寸变动的零件要进行分析,标注复原后的尺寸。

第2章 零件测绘

本章将结合典型零件测绘的实例，介绍零件测绘的一般方法、步骤和零件图的绘制，使读者了解并掌握机械零件的尺寸公差、表面粗糙度、形位公差、材料和热处理等技术要求的确定方法和在零件图中的标注原则。在学习过程中，要将所学的理论知识和生产实际相结合，初步了解零件的制造工艺过程，同时要学会查阅有关的国家标准。

2.1 零件测绘的基本知识

2.1.1 尺寸极限和配合的确定

在测绘零件的过程中，一般来说只能测得零件的实际尺寸、实际间隙或实际过盈等，仅仅有这些数据是不够的，还要确定零件的尺寸偏差、表面粗糙度、形位公差、材料和热处理等技术要求。要确定零件的技术要求就必须根据生产实际情况，通过查表、类比等方法，结合测量值，综合考虑各种因素，最终确定出合理的技术要求。确定尺寸的上、下偏差需要进行4方面的工作：确定基准制、确定标准公差等级、确定配合种类和确定基本偏差。

1. 基准制的确定

基孔制和基轴制的优先和常用配合都符合“工艺等价”原则，所以同名配合的配合性质原则上相同。如 ϕ30H7/f6 和 ϕ30F7/h6 的配合性质相同，但从加工制造、经济性等方面考虑，基孔制和基轴制是不一样的。确定基准制时应遵守以下原则。

(1) 优先选用基孔制。优先选用基孔制的原因主要是从工艺和经济性以及加工的难易程度上考虑的。一般来说，加工轴比加工孔容易，所以应优先选用基孔制，通过调节轴的公差带来实现不同的配合。如加工中小尺寸的孔，通常采用价格较贵的钻头、铰刀、拉刀等定尺寸刀具。测量要用塞规等定尺寸量具。这些定尺寸刀具和量具的特点是：当孔的基本尺寸和公差相同而基本偏差不同时，需要更换刀具和量具。但对于不同尺寸的轴，只需要一种规格的车刀或砂轮来加工，测量采用通用量具即可。

(2) 若轴采用型材(如冷拔圆钢)，精度满足产品的技术要求，不需要加工或加工极少，当然用基轴制合理且比较经济。

(3) 与标准件配合时，应将标准件作基准。如和键配合的键槽为基轴制，和滚动轴承配合的箱体孔为基轴制，和滚动轴承配合的轴为基孔制。而且在装配图上只需标注非标准件的配合代号。

(4) 一个基本尺寸的轴和多个孔配合时多采用基轴制，即一轴多孔配合可采用基轴制。

2. 标准公差等级的确定

为了确定被测件的公差等级，可采用类比法选择，也就是参考从生产实践中总结出来的经验资料来确定。选择的基本原则是在满足要求的前提下，尽量选择低的公差等级，从而降低加工成本。具体可以从以下几个方面综合考虑。

(1) 根据被测件所在机器的精度高低、被测件所在部位的重要程度、尺寸在机器中的作用、表面粗糙度等因素，决定零件尺寸的公差等级。

(2) 根据各个公差等级的应用范围和各种加工方法所能达到的公差等级来选取。表 2-1 和表 2-2 为公差等级的应用资料，表 2-3 为各种加工方法能够达到的公差等级。

(3) 考虑孔和轴的工艺等价性。当基本尺寸≤500，公差≤IT8 时，推荐选择轴的公差等级比孔的公差等级高一级。当公差等级＞IT8 或基本尺寸＞500 时，推荐轴和孔的公差等级相同。

表 2-1　公差等级的应用

应　用	公差等级(IT)																			
	01	0	1	2	3	4	5	6	7	8	9	10	11	12	13	14	15	16	17	18
量块	—	—	—																	
量规			—	—	—	—	—	—	—											
配合尺寸							—	—	—	—	—	—	—	—	—					
特别精密零件的配合				—	—	—	—													
非配合尺寸(大制造公差)														—	—	—	—	—	—	—
原材料公差										—	—	—	—	—	—	—				

表 2-2　公差等级的应用举例

公差等级	应用条件说明	应 用 举 例
IT01	用于特别精密的尺寸传递基准	特别精密的标准量块
IT0	用于特别精密的尺寸传递基准及宇航中特别重要的极个别精密配合尺寸	特别精密的标准量块，个别特别重要的精密机械零件尺寸，校对检验 IT6 级轴用量规的校对塞规
IT1	用于精密的尺寸传递基准、高精密测量工具、特别重要的极个别精密配合尺寸	高精密标准量规，校对检验 IT7～IT9 级轴用量规的校对量规，个别特别重要的精密机械零件尺寸
IT2	用于高精密的测量工具、特别重要的精密配合尺寸	检验 IT6～IT7 级工作用量规，校对检验 IT8～IT11 级轴用量规的校对塞规；个别特别重要的精密机械零件尺寸
IT3	用于高精密的测量工具、小尺寸零件的高精度的精密配合及与 C 级滚动轴承配合的轴径与外壳孔径	检验 IT8～IT11 级工件用量规，检验 IT9～IT13 级轴用量规的校对量规；与特别精密的 C 级滚动轴承内环孔(直径至 100mm)相配合的机床主轴、精密机械和高速机械的轴径，与 C 级向心球轴承外环外径相配合的外壳孔径；航空工业及航海工业中导航仪器上特殊精密的个别小尺寸零件的精密配合
IT4	用于精密测量工具、高精度的精密配合和 C 级、D 级滚动轴承配合的轴径与外壳孔径	检验 IT9～IT12 级工件用量规，检验 IT12～IT14 级轴用量规的校对量规；与 C 级轴承孔(孔径大于 100mm)及与 D 级轴承孔相配合的机床主轴、精密机械和高速机械的轴径，与 C 级轴承相配合的机床外壳孔；柴油机活塞销及活塞销座孔径；高精度(1 级～4 级)齿轮的基准孔或轴径；航空及航海工业用仪器中特殊精密孔径
IT5	用于机床、发动机和仪表中特别重要的配合。在配合公差要求很小、形状精度要求很高的条件下，这类公差等级能使配合性质比较稳定，它对加工要求较高，一般机械制造中较少应用	检验 IT11～IT14 级工件用量规，检验 IT14～IT15 级轴用量规的校对量规；与 D 级滚动轴承孔相配合的机床箱体孔，与 E 级滚动轴承孔相配合的机床主轴、精密机械和高速机械的轴径；机床床尾套筒，高精度分度盘轴径；分度头主轴，精密丝杆基准轴径；高精度镗套的外径等；发动机中主轴的外径，活塞销外径与活塞的配合；精密仪器中，轴与各种传动件轴承的配合；航空、航海工业中，仪表中重要的精密孔的配合；5 级精度齿轮的基准孔及 5 级、6 级精度齿轮的基准轴

续表

公差等级	应用条件说明	应 用 举 例
IT6	广泛用于机械制造中的重要配合，配合表面有较高均匀性的要求，能保证相当高的配合性质，使用可靠	检验IT12～IT15级工件用量规，检验IT15～IT16级轴用量规的校对量规；与E级滚动轴承孔相配的外壳孔及与滚子轴承相配合的机床主轴轴径；机床制造中，装配式青铜蜗轮、轮壳外径安装齿轮、蜗轮、联轴器、皮带轮、凸轮的轴径；机床丝杠支承轴径、矩形花键的定心直径、摇臂转床的立柱等；机床夹具的导向件的外径尺寸；精密仪器、光学仪器、计量仪器中的精密轴；航空航海仪器仪表中的精密轴；无线电、自动化工业中的仪表和电子仪器、邮电机械中特别重要的轴；手表中特别重要的轴；导航仪器中主罗盘的方位轴、微电机轴；电子计算机外围设备中的重要尺寸；医疗器械中，牙科直车头中心齿轮轴及X线机齿轮箱的精密轴等；缝纫机中重要轴类尺寸；发动机中的汽缸套外径、曲轴主轴径、活塞销、连杆衬套、连杆和轴瓦外径等；6级精度齿轮的基准孔和7级、8级精度齿轮的基准轴径，以及特别精密(1级、2级精度)齿轮的齿顶圆直径
IT7	应用条件与IT6相类似，但它要求的精度可比IT6稍低一点，在一般机械制造业中使用相当普遍	检验IT14～IT16级工件用量规，检验IT16级轴用量规的校对量规；机床制造中装配式青铜蜗轮轮缘孔径、联轴器、皮带轮、凸轮等的孔径；机床卡盘座孔，摇臂转床的摇臂孔，车床丝杆的轴承孔等；机床夹头导向件的内孔(如固定钻套，可换钻套、衬套、镗套等)；发动机中的连杆孔、活塞孔、铰制螺栓定位孔等；纺织机械中的重要零件；印染机械中要求较高的零件；精密仪器、光学仪器中精密配合的内孔；手表中的离合杆压簧等；导航仪器中主罗盘壳底座孔、方位支架孔；医疗器械中，牙科直车头中心齿轮轴的轴承孔及X线机齿轮箱的转盘孔；电子计算机、电子仪器、仪表中的重要内孔；缝纫机中的重要轴内孔零件；邮电机械中的重要零件的内孔；7级、8级精度齿轮的基准孔和9级、10级精度齿轮的基准轴
IT8	属于机械制造中的中等精度；在仪器仪表及钟表制造中，由于基本尺寸较小，所以属于较高精度范畴；在配合性要求不太高时，可应用较多的一个等级。尤其是在农业机械、纺织机械、印染机械、自行车、缝纫机、医疗器械中应用最广	检验IT16级工件用量规；轴承座衬套沿宽度方向的尺寸配合；手表中的跨齿轴、棘爪拨针轮等与夹板的配合；无线电仪表工业中的一般配合；电子仪器仪表中较重要的内孔；计算机中变数齿轮孔和轴的配合；医疗器械中，牙科直车头的钻头套的孔和车针柄部的配合；导航仪器中，主罗盘粗刻度盘月牙形支架与微电机汇点环孔等；电机制造中铁芯与机座的配合；发动机活塞环槽宽连杆轴瓦内径，低精度(9～12级精度)齿轮的基准孔，11～12级精度齿轮和基准轴，6～8级精度齿轮的顶圆

续表

公差等级	应用条件说明	应用举例
IT9	应用条件与 IT8 相类似,但要求精度低于 IT8 时用	机床制造中,轴套外径与孔、操纵件与轴、空转皮带轮与轴操纵系统的轴与轴承等的配合;纺织机械、印刷机械中的一般配合零件;发动机中的机油泵体内孔、气门导管内孔、飞轮与飞轮套、圈衬套、混合气预热阀轴,汽缸盖孔径、活塞槽环的配合等;光学仪器、自动化仪表中的一般配合;手表中要求较高零件的未注公差尺寸的配合;单键连接中键宽配合尺寸;打字机中的运动件配合等
IT10	应用条件与 IT9 相类似,但要求精度低于 IT9 时用	电子仪器仪表中支架的配合;导航仪器中绝缘衬套孔与汇电环衬套轴;打字机中铆合件的配合尺寸;闹钟机构的中心管与前夹板,轴套与轴;手表中,尺寸小于 18mm 时要求一般的未注公差尺寸及大于 18mm 要求较高的未注公差尺寸;发动机中油封挡圈孔与曲轴皮带轮毂
IT11	用于配合精度要求很粗糙、装配后可能有较大间隙的情况。特别适用于要求间隙较大,且有显著变动而不会引起危险的场合	机床上法兰盘止口与孔、滑块与滑移齿轮、凹槽等;农业机械、机车车厢部件及冲压加工的配合零件;钟表制造中不重要的零件,手表制造用的工具及设备中的未注公差尺寸;纺织机械中较粗糙的活动配合;印染机械中要求较低的配合;医疗器械中手术刀片的配合;磨床制造中螺纹连接及粗糙的动连接;不作测量基准用的齿轮顶圆直径公差
IT12	配合精度要求很粗糙,装配后有很大间隙,适用于基本上没有什么配合要求的场合;要求较高未注公差尺寸的极限偏差	非配合尺寸及工序间尺寸;发动机分离杆;手表制造中工艺装备的未注公差尺寸的极限偏差;医疗器械中手术刀柄的配合;机床制造中扳手孔与扳手座的连接
IT13	应用条件与 IT12 相类似	非配合尺寸及工序间尺寸;计算机及打字机中切削加工零件及圆片孔、二孔中心距的未注公差尺寸
IT14	用于非配合尺寸及不包括在尺寸链中的尺寸	在机床、汽车、拖拉机、冶金矿山、石油化工、电机、电器、仪器、仪表、造船、航空、医疗器械、钟表、自行车、缝纫机、造纸与纺织机械等工业中对切削加工零件未注公差尺寸的极限偏差,广泛应用此等级
IT15	用于非配合尺寸及不包括在尺寸链中的尺寸	冲压件、木模铸造零件、重型机床制造,当尺寸大于 3150mm 时的未注公差尺寸
IT16	用于非配合尺寸及不包括在尺寸链中的尺寸	打字机中浇铸件零件尺寸;无线电制造中箱体外形尺寸;手术器械中一般外形尺寸公差;压弯延伸加工用尺寸;纺织机械中木件尺寸公差;塑料零件尺寸公差;木模制造和自由锻造时用
IT17	用于非配合尺寸及不包括在尺寸链中的尺寸	塑料成形尺寸公差;手术器械中的一般外形尺寸公差
IT18	用于非配合尺寸及不包括在尺寸链中的尺寸	冷作、焊接尺寸用公差

表 2-3　各种加工方法能达到的公差等级

加工方法	公差等级(IT)																	
	01	0	1	2	3	4	5	6	7	8	9	10	11	12	13	14	15	16
研磨	━	━	━	━	━	━	━											
珩磨						━	━	━	━									
圆磨							━	━	━	━								
平磨							━	━	━	━								
金刚石车							━	━	━									
金刚石镗							━	━	━									
拉削							━	━	━	━								
铰孔								━	━	━	━	━						
车									━	━	━	━	━					
镗									━	━	━	━	━					
铣										━	━	━	━					
刨、插												━	━					
钻孔												━	━	━	━			
滚压、挤压												━	━					
冲压												━	━	━	━	━		

续表

加工方法	公差等级(IT)																
	01	0	1	2	3	4	5	6	7	8	9	10	11	12	13	14	15	16
压铸													—	—	—	—		
粉末冶金成形								—	—	—								
粉末冶金烧结									—	—	—	—						
砂型铸造、气割																		—
锻造																	—	

3. 配合种类的确定

(1) 间隙配合：使用于互相配合的两零件需相对运动或者不需要相对运动但要求灵活拆卸的情况。

(2) 过盈配合：适用于互相配合的两零件需牢固连接、保持相对静止或传递动力的情况。

(3) 过渡配合：适用于可能具有间隙或过盈的配合，常用于不允许有相对运动、轴孔对中要求高、但又需拆卸的情况。

4. 基本偏差的确定

在基准制和公差等级确定后，需要确定非基准轴或非基准孔的基本偏差代号，可综合考虑以下因素确定配合类别：

(1) 根据实测孔和轴的间隙或过盈的大小。

(2) 考虑被测件的配合部位在工作过程中对间隙的影响。

(3) 考虑被测机器使用时间及配合部位的磨损情况。

(4) 考虑被测件的相对运动情况，有相对运动只能采用间隙配合。

(5) 考虑被测件的受力情况，受力大时，间隙要大些。

(6) 如需经常拆装，则配合间隙要大些。

(7) 工作温度高时，配合间隙要大些。

(8) 生产批量小时，孔常常接近最小极限尺寸，轴常常接近最大极限尺寸，所以批量较小时采用较大的配合间隙或较小的过盈。

(9) 明确是采用间隙配合、过渡配合或过盈配合后，可参考表 2-4 确定具体的配合代号。

表 2-4　各种基本偏差的应用实例

配合	基本偏差	特点及应用实例
间隙配合	a(A)、b(B)	可得到特别大的间隙,应用很少。主要用于工作时温度高、热变形大的零件配合,如发动机中活塞与缸套的配合为 H9/a9
	c(C)	可得到很大的间隙。一般用于工作条件较差(如农业机械)、工作时受力变形大及装配工艺性不好的零件的配合,也适用于高温工作的间隙配合,如内燃机排气阀杆与导管的配合为 H8/c7
	d(D)	与 IT7～IT11 对应。适用于较松的间隙配合(如滑轮、空转的带轮与轴的配合),大尺寸滑动轴承与轴径的配合(如涡轮机、球磨机等的滑动轴承),如活塞环与活塞槽的配合可用 H9/d9
	e(E)	与 IT6～IT9 对应,具有明显的间隙。用于大跨距及多支点的转轴与轴承的配合及高速重载的大尺寸轴与轴承的配合,如大型电机、内燃机的主要轴承处的配合为 H8/e7
	f(F)	多与 IT6～IT8 对应。用于一般转动的配合,受温度影响不大、采用普通润滑油的轴与滑动轴承的配合,如齿轮箱、小电动机、泵等的转轴与滑动轴承的配合为 H7/f6
	g(G)	多与 IT5、IT6、IT7 对应,形成配合的间隙较小。用于轻载精密装置中的转动配合,用于插销的定位配合以及滑阀、连杆销等处的配合,钻套孔多用 G
	h(H)	多与 IT4～IT11 对应。广泛用于无相对转动的配合及一般的定位配合,若没有温度、变形的影响也可用于精密滑动轴承,如车床尾座孔与滑动套筒的配合为 H6/h5
过渡配合	js(JS)	多用于 IT4～IT7 具有平均间隙的过渡配合。用于略有过盈的定位配合,如联轴节、齿圈与轮毂的配合,滚动轴承外圈与外壳孔的配合多用 JS7,一般用手或木槌装配
	k(K)	多用于 IT4～IT7 平均间隙接近零的配合。用于定位配合,如滚动轴承的内外圈分别与轴径、外壳孔的配合,用木槌装配
	m(M)	多用于 IT4～IT7 平均过盈较小的配合。用于精密定位的配合,如蜗轮的青铜轮缘与轮毂的配合为 H7/m6
	n(N)	多用于 IT4～IT7 平均过盈较大的配合;很少形成间隙。用于加键传递较大的转矩的配合,如冲床上齿轮与轴的配合,用槌子或压力机装配
过盈配合	p(P)	用于小过盈配合,与 H6 或 H7 的孔形成过盈配合,而与 H8 的孔形成过渡配合。碳钢和铸铁零件形成的配合为标准压入配合,如绞车的绳轮与齿圈的配合为 H7/p6。合金钢零件的配合需要小过盈时可用 p(或 P)
	r(R)	用于传递大转矩或受冲击载荷而需要加键的配合,如蜗轮与轴的配合为 H7/r6。H8/r8 配合在基本尺寸＜100mm 时,为过渡配合
	s(S)	在用于钢和铸铁零件的永久性和半永久性结合时,可产生相当大的结合力,如套环压的轴、阀座上用 H7/s6 配合
	t(T)	用于钢和铸铁零件的永久结合,不用键可传递扭矩,需用热套法或冷轴法装配,如联轴器与轴的配合为 H7/t6
	u(U)	用于大过盈配合,最大过盈需验算,用热套法进行装配,如火车轮毂和轴的配合为 H6/u5
	v(V)、x(X)、y(Y)、z(Z)	用于特大过盈配合,目前使用的经验和资料很少,须经试验后才能应用,一般不推荐

2.1.2　表面粗糙度的确定

确定表面粗糙度的方法有类比法、比较法、测量法等，这里重点介绍类比法。利用类比法确定表面粗糙度需要进行两方面的工作：评定参数的确定和参数值的选用。

1. 评定参数的确定

表面粗糙度的评定参数有 *Ra* 和 *Rz*，实际使用时多选用 *Ra*，参数值可给出取值范围。参数 *Ra* 能较客观地反映表面微观不平度，所以优先选用 *Ra* 作为评定参数。参数 *Rz* 在反映微观不平程度上不如 *Ra*，但易于在光学仪器上测量，特别适用于超精加工零件表面粗糙度的评定；*Rz* 所反映的表面微观几何形状特征不全面，但测量很方便，适用于被测面很小（不足一个取样长度）或不允许出现明显加工痕迹、控制应力集中、防止疲劳破坏的零件表面粗糙度的评定。

2. 参数值的选用

在选择表面粗糙度的参数值时，要仔细观察零件的表面粗糙度情况，认真分析被测表面的作用、加工方法、运动状态等，综合考虑技术要求和经济性等各方面因素，确定出合理的精度要求。测绘时可参考表2-5和表2-6的技术资料。

表2-5　轴和孔的表面粗糙度参数推荐值

<table>
<tr><th colspan="3">应用场合</th><th colspan="3">Ra/μm</th></tr>
<tr><th rowspan="2">示例</th><th rowspan="2">公差等级</th><th rowspan="2">表面</th><th colspan="3">基本尺寸/mm</th></tr>
<tr><th>≤50</th><th colspan="2">50～500</th></tr>
<tr><td rowspan="8">经常装拆零件的配合表面（如挂轮、滚刀等）</td><td rowspan="2">IT5</td><td>轴</td><td>≤0.2</td><td colspan="2">≤0.4</td></tr>
<tr><td>孔</td><td>≤0.4</td><td colspan="2">≤0.8</td></tr>
<tr><td rowspan="2">IT6</td><td>轴</td><td>≤0.4</td><td colspan="2">≤0.8</td></tr>
<tr><td>孔</td><td>≤0.8</td><td colspan="2">≤1.6</td></tr>
<tr><td rowspan="2">IT7</td><td>轴</td><td rowspan="2">≤0.8</td><td colspan="2" rowspan="2">≤1.6</td></tr>
<tr><td>孔</td></tr>
<tr><td rowspan="2">IT8</td><td>轴</td><td>≤0.8</td><td colspan="2">≤1.6</td></tr>
<tr><td>孔</td><td>≤1.6</td><td colspan="2">≤3.2</td></tr>
<tr><td rowspan="8">过盈配合的配合表面：(1)用压力机装配；(2)用热孔法装配</td><td rowspan="2">IT5</td><td>轴</td><td>≤0.2</td><td>≤0.4</td><td>≤0.4</td></tr>
<tr><td>孔</td><td>≤0.4</td><td>≤0.8</td><td>≤0.8</td></tr>
<tr><td>IT6</td><td>轴</td><td>≤0.4</td><td>≤0.8</td><td>≤0.8</td></tr>
<tr><td>IT7</td><td>孔</td><td>≤0.8</td><td>≤1.6</td><td>≤1.6</td></tr>
<tr><td rowspan="2">IT8</td><td>轴</td><td>≤0.8</td><td>≤1.6</td><td>≤3.2</td></tr>
<tr><td>孔</td><td>≤1.6</td><td>≤1.6</td><td>≤3.2</td></tr>
<tr><td rowspan="2">IT9</td><td>轴</td><td>≤1.6</td><td>≤1.6</td><td>≤1.6</td></tr>
<tr><td>孔</td><td>≤3.2</td><td>≤3.2</td><td>≤3.2</td></tr>
<tr><td rowspan="4">滑动轴承的配合表面</td><td rowspan="2">IT6～IT9</td><td>轴</td><td colspan="3">≤0.8</td></tr>
<tr><td>孔</td><td colspan="3">≤1.6</td></tr>
<tr><td rowspan="2">IT10～IT12</td><td>轴</td><td colspan="3">≤3.2</td></tr>
<tr><td>孔</td><td colspan="3">≤3.2</td></tr>
</table>

续表

应用场合			$Ra/\mu m$					
示例	公差等级	表面	基本尺寸/mm					
			≤50			50～500		
精密定心零件的配合表面	公差等级	表面	径向圆跳动/μm					
			2.5	4	6	10	16	25
	IT5～IT8	轴	≤0.05	≤0.1	≤0.1	≤0.2	≤0.4	≤0.8
		孔	≤0.1	≤0.2	≤0.1	≤0.4	≤0.8	≤1.0

表 2-6　表面粗糙度的表面微观特征、加工方法及应用举例

表面微观特征		Ra	Rz	加工方法	应用举例
粗糙表面	可见刀痕	20～40	80～160	粗车、粗刨、粗铣、钻、毛锉、锯断	半成品粗加工过的表面，非配合的加工表面，如轴端面、倒角、钻孔、齿轮带轮侧面、键槽底面、垫圈接触面等
	微见刀痕	10～20	40～80		
半光表面	微见加工痕迹	5～10	20～40	车、刨、铣、镗、钻、粗铰	轴上不安装轴承、齿轮处的非配合表面，紧固件的自由装配表面，轴和孔的退刀槽等
	微见加工痕迹	＞2.55	10～20	车、刨、铣、镗、磨、拉、粗刮、滚压	半加工表面，箱体、支架、盖面、套筒等和其他零件结合而无配合要求的表面，需要发蓝的表面等
	看不清加工痕迹	1.25～2.5	6.3～10	车、刨、铣、镗、磨、拉、刮、压、铣齿	接近于精加工表面，箱体上安装轴承的镗孔表面，齿轮的工作面
光表面	可辨加工痕迹方向	0.63～1.25	3.2～6.3	车、镗、磨、拉、刮、精铰磨齿、滚压	圆柱销、圆锥销、与滚动轴承配合的表面，卧式车床的导轨面，内、外花键定心表面等
	微辨加工痕迹方向	0.32～0.63	1.6～3.2	精铰、精镗、磨刮、滚压	要求配合性质稳定的配合表面，工作时受交变应力的重要零件，较高精度车床的导轨面
	不可辨加工痕迹方向	0.16～0.32	0.8～1.6	精磨、珩磨、研磨、超精加工	精密机床主轴锥孔、顶尖圆锥面、发动机曲轴、凸轮轴工作表面，高精度齿轮齿面
极光表面	暗光表面	0.08～0.16	0.4～0.8	精磨、研磨、普通抛光	精密机床主轴径表面，一般量规工作表面，汽缸套内表面，活塞销表面等
	亮光泽面	0.04～0.08	0.2～0.4	超精磨、精抛光、镜面磨削	精密机床主轴径表面，滚动轴承的滚珠，高压滚压泵柱塞及与柱塞配合的表面
	镜状光泽面	0.01～0.04	0.05～0.2		
	镜面	≤0.01	≤0.05	镜面磨削、超精研	高精度量仪、量块的工作表面，光学仪器中的金属镜面

2.1.3　形状与位置公差的确定

形状与位置公差也称为形位公差。确定形位公差要清楚 3 个问题：什么时候需要标注形位公差？标注哪些形位公差项目？如何确定形位公差的数值？

1. 形位公差的标注原则

(1) 凡是重要的配合尺寸、要求配合性质不变的尺寸都要按包容原则标注。

(2) 凡是要保证基本尺寸不同的装配互换，或者只是为了装配的大间隙配合，按最大容体原则标注。

(3) 在一般情况下，对形位公差要求特别高、特别精密的机器零件，必须按独立原则标出。独立原则是指尺寸公差和形位公差单独检验。

(4) 对于形位公差要求特别低时，如农机产品，为降低加工成本，形位公差也常常独立标出。

2. 形位公差标注项目的确定

确定形位公差的标注项目可从 3 个方面考虑：首先从保证零件设计性能和使用要求出发来确定形位公差标注项目；然后从典型表面的加工方法出现的误差种类出发来确定形位公差标注项目；最后可考虑和同类产品进行比较来确定形位公差标注项目。

3. 形位公差值的确定

表 2-7 给出了形状公差和尺寸公差的大致比例关系，根据尺寸公差估算出形位公差后再查表选取国家标准(GB/T 1184—1980)推荐的标准值。此外，一般情况下，表面粗糙度 *Ra* 的值小于形状公差，形状公差的值小于位置公差，而位置公差的值小于尺寸公差。

表 2-7　形状公差和尺寸公差的大致比例关系　%

尺寸公差等级	孔或轴	形状公差占尺寸公差的百分比	备　注
IT5	孔	20～67	
	轴	33～67	
IT6	孔	20～67	
	轴	33～67	
IT7	孔	20～67	
	轴	33～67	
IT8	孔	20～67	
	轴	33～67	
IT9	孔、轴	20～67	
IT10	孔、轴	20～67	
IT11	孔、轴	20～67	
IT12	孔、轴	20～67	
IT13	孔、轴	20～67	
IT14	孔、轴	20～50	
IT15	孔、轴	20～50	
IT16	孔、轴	20～50	

2.2 箱体类零件的绘制

根据零件结构特点的不同，一般可分为轴套类、盘盖类、叉架类和箱体类零件，每种零件应根据自身特点确定其表达方案。本节以箱体类零件为例，重点介绍该类零件的测绘和表达方案的确定。

箱体类零件是组成机器和部件的主体零件，多为铸件，包括箱体、壳体、泵体、底座等。箱体类零件主要起支承、容纳和保护运动零件或其他零件的作用，主要工作部分为形状复杂的空腔结构，带有安装孔的安装部分、连接部分等结构。

下面通过测绘如图 2-1 所示的减速器箱体，来详细介绍箱体类零件的绘制。

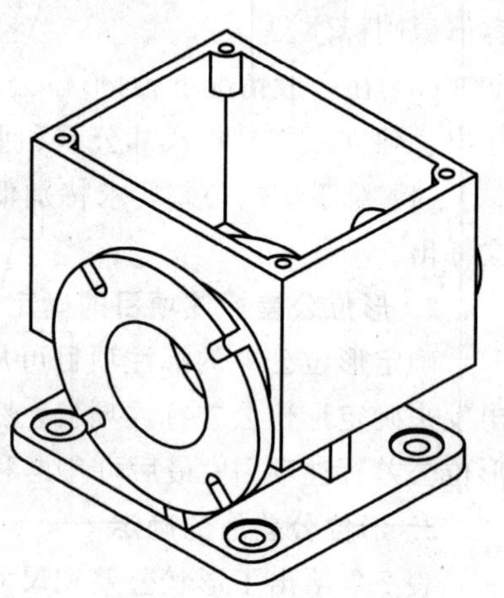

图 2-1　减速器箱体立体图

1. 结构分析

图 2-1 所示的减速器箱体零件的材料为铸铁，毛坯采用铸造工艺形成，该零件的形状结构比较复杂，加工工序多且加工位置多变，用形体分析法可将其划分为底板、箱壳、肋板和左右轴孔，其中肋板起连接和加强作用，该零件不具有对称性。

2. 确定表达方案

对于箱体类零件，选择主视图时，主要考虑形状特征或工作位置。由于其主要结构在内腔，故主视图常选用全剖、半剖或较大面积的局部剖等表达方法。且由于内、外部形状复杂，常用多个视图或剖视图。为了在表达完整的同时，尽量减少视图的数量，可以适当地保留必要的虚线。

该零件主视图采用全剖视图，主要表达蜗杆轴孔、箱壳、肋板的形状和关系，如图 2-2 所示；左视图采用 *B*—*B* 全剖视，主要表达蜗轮轴孔、箱壳的形状和关系，如图 2-3 所示。俯视图绘制成外形图，主要表达箱壳和底板、蜗轮轴孔和蜗杆轴孔的位置关系，此外，采用 *C*—*C* 剖视图表达肋板的断面形状，如图 2-4 所示；左、右两个凸台的形状及结构采用局部视图的表达方法。

3. 绘制零件草图

零件草图应徒手绘制在坐标纸上，绘图时通过目测尽量保持零件各个部分的大致比例关系，力求尺寸协调，形体结构表达要准确、简洁，线条粗细的层次应分明，图面干净整洁。

4. 测量并标注尺寸

草图绘制完毕后，进入零件尺寸的测绘环节，恰当地使用各种量具测量出结构的各部分尺寸并标注在草图上，允许将尺寸标注成封闭的尺寸链。对于标准尺寸或需要计算的尺寸，应分别通过查表或计算最终确定。

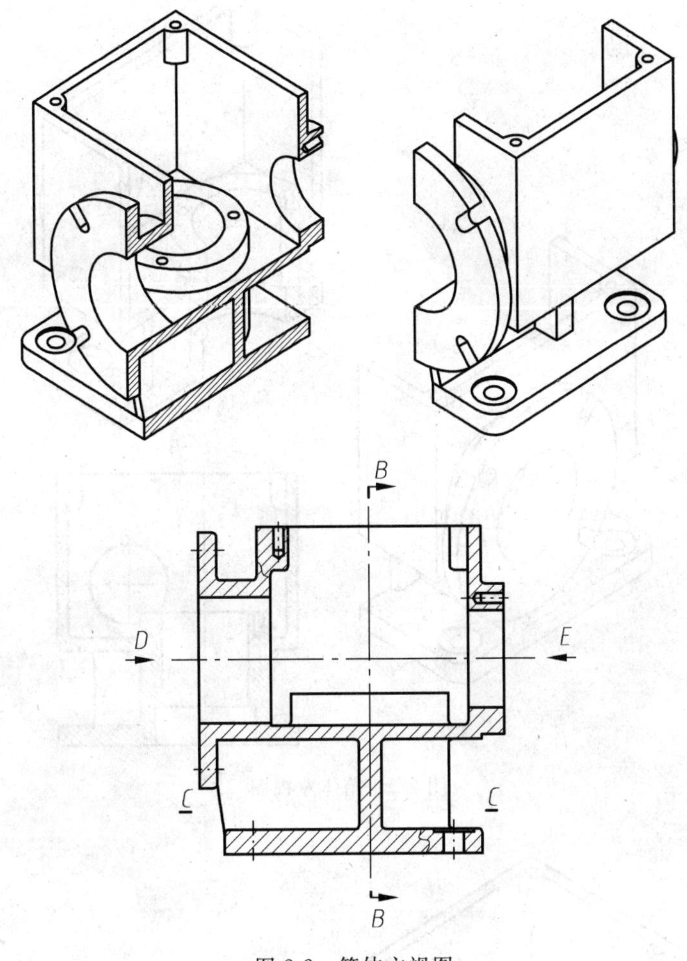

图 2-2　箱体主视图

5. 确定精度

箱体类零件的精度要求主要包括孔系和平面的尺寸公差、形位公差和表面粗糙度要求，以及材料的热处理、表面处理和有关装配、试验方面的要求。

箱体上的轴承孔要有较小的尺寸公差、形状公差和较小的表面粗糙度值，有齿轮啮合关系的孔的中心距离应有尺寸公差和平行度要求，同一轴线上的孔应有一定的同轴度要求，定位基准面应有较高的平面度要求和较小的表面粗糙度值。根据以上分析，参考同类型的零件，结合自己的工作经验，最终确定具体的精度数值。

6. 制定技术要求

箱体类零件的技术要求主要包括材料、热处理、毛坯制造及检验的要求等。在具体编制技术要求时应参考同类零件，并符合国家制定的相关标准。减速器箱体的材料为 HT150，毛坯为铸造，经人工时效处理，未注明的铸造圆角为 $R2 \sim R5$。

7. 根据草图绘制零件图

减速器箱体的零件图如图 2-5 所示。

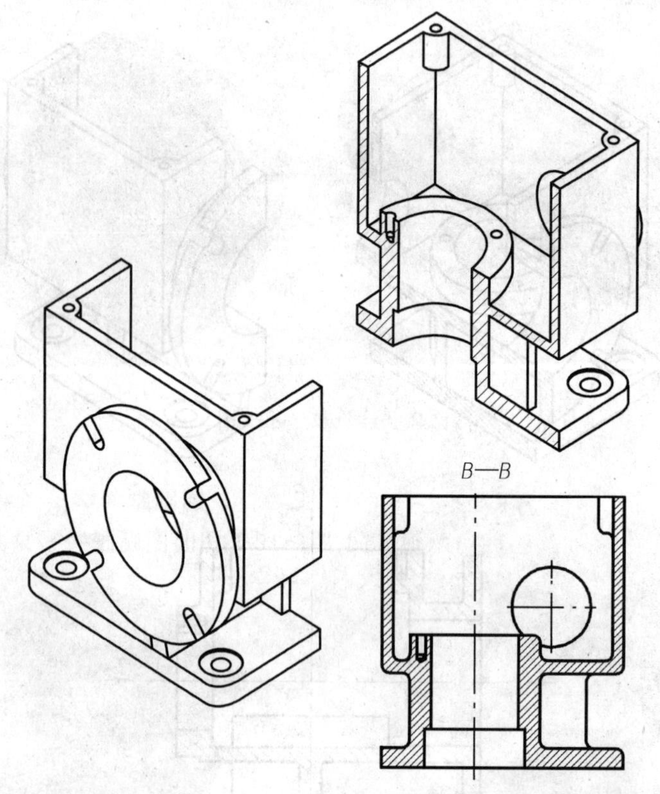

图 2-3　箱体左视图

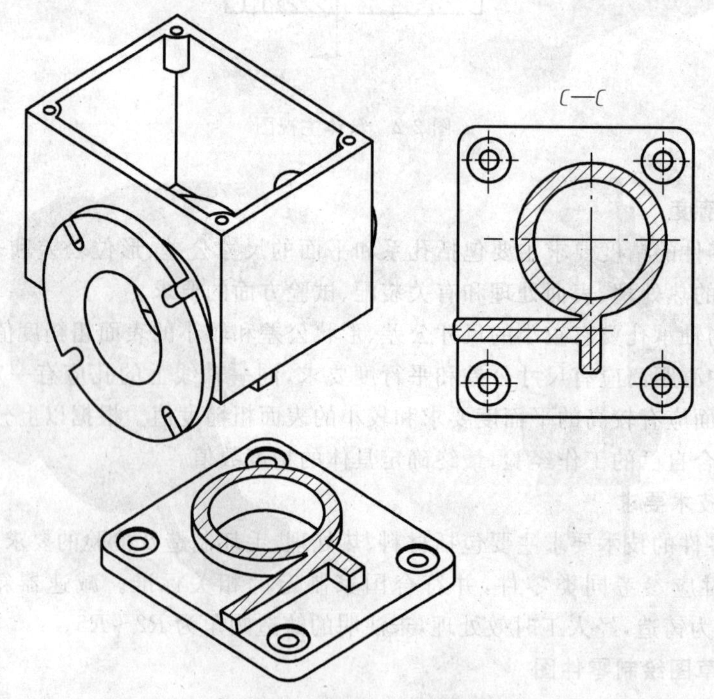

图 2-4　箱体 C—C 剖视图

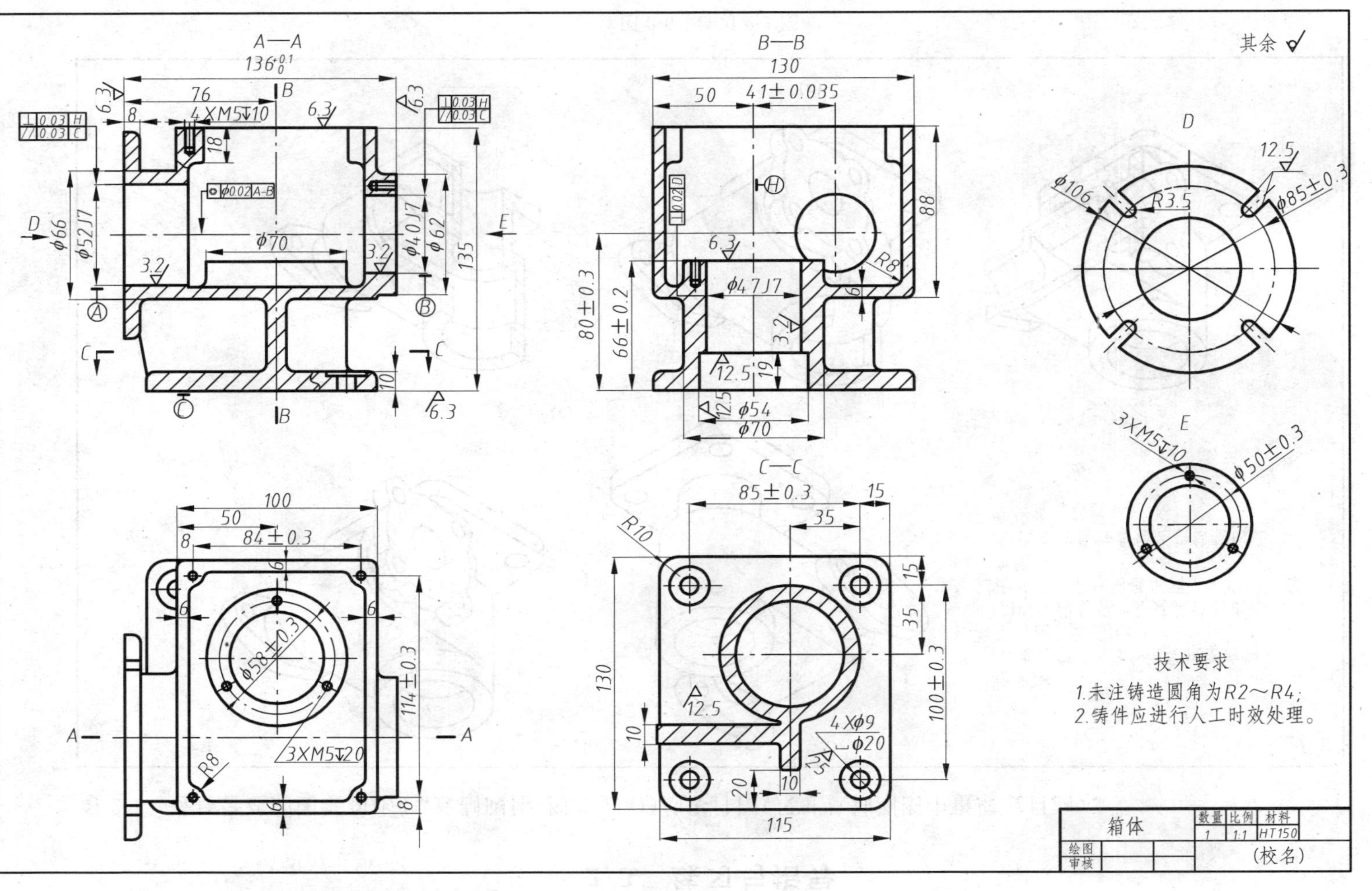
A—A
B—B
C—C
D
E
其余
技术要求
1.未注铸造圆角为R2～R4;
2.铸件应进行人工时效处理。
箱体
数量
比例
材料
1
1:1
HT150
绘图
审核
(校名)
4XM5▽10
3XM5▽10
3XM5▽20
4Xφ9
φ85±0.3
φ50±0.3
φ58±0.3
φ106
R3.5
R8
R10
130
135
88
115
100
100±0.3
114±0.3
85±0.3
84±0.3
80±0.3
66±0.2
41±0.035
φ47J7
φ52J7
φ40J7
φ54
φ62
φ66
φ70

图 2-5　箱体零件图

2.3　练习与指导

练习 2-1　选择合适的图纸和比例，绘制阀体（图 2-6(a)）的零件图（尺寸从轴测图中量取或目测）。

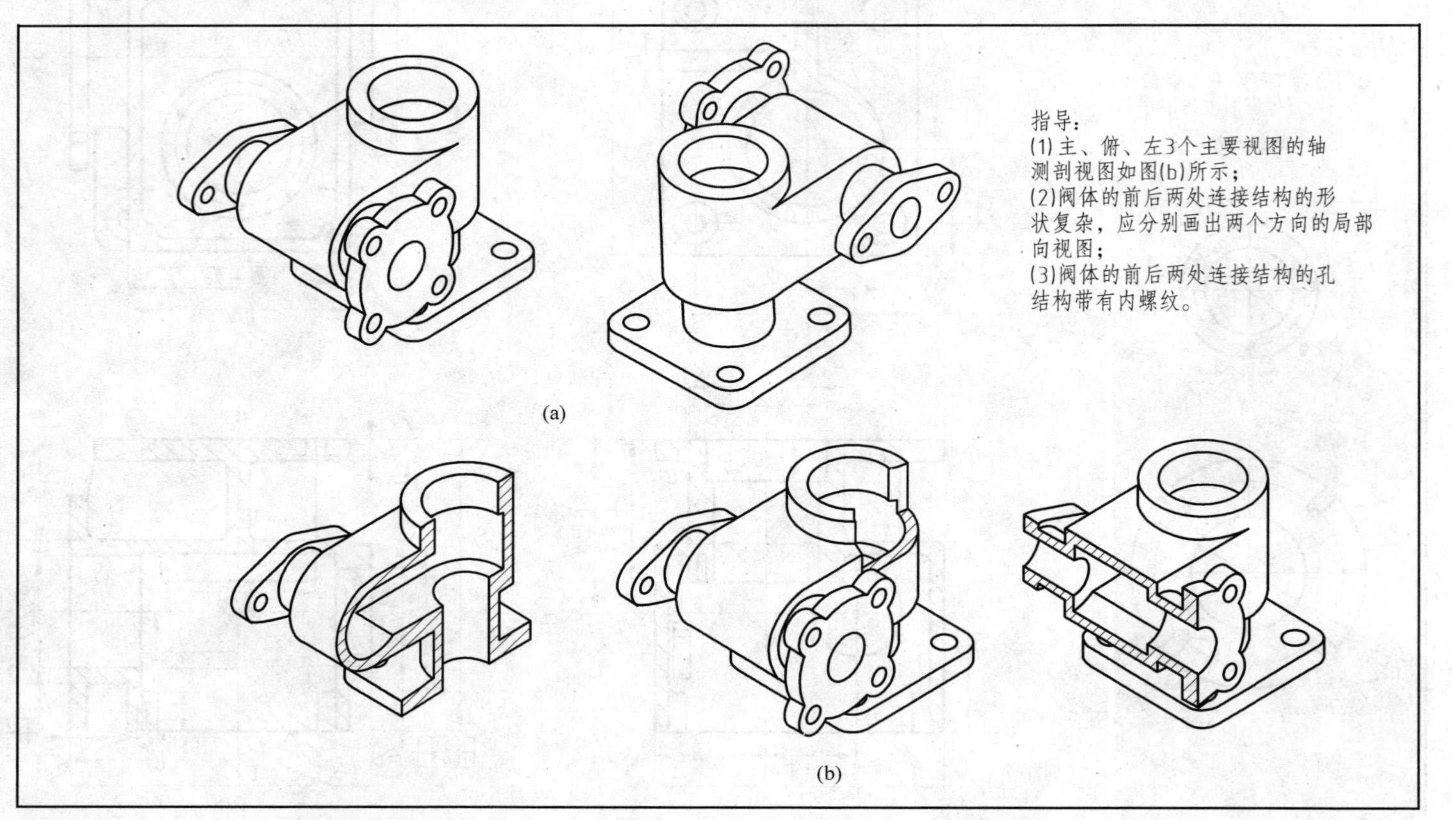

图 2-6　练习 2-1 图

练习 2-2　阅读柱塞零件图(图 2-7)。

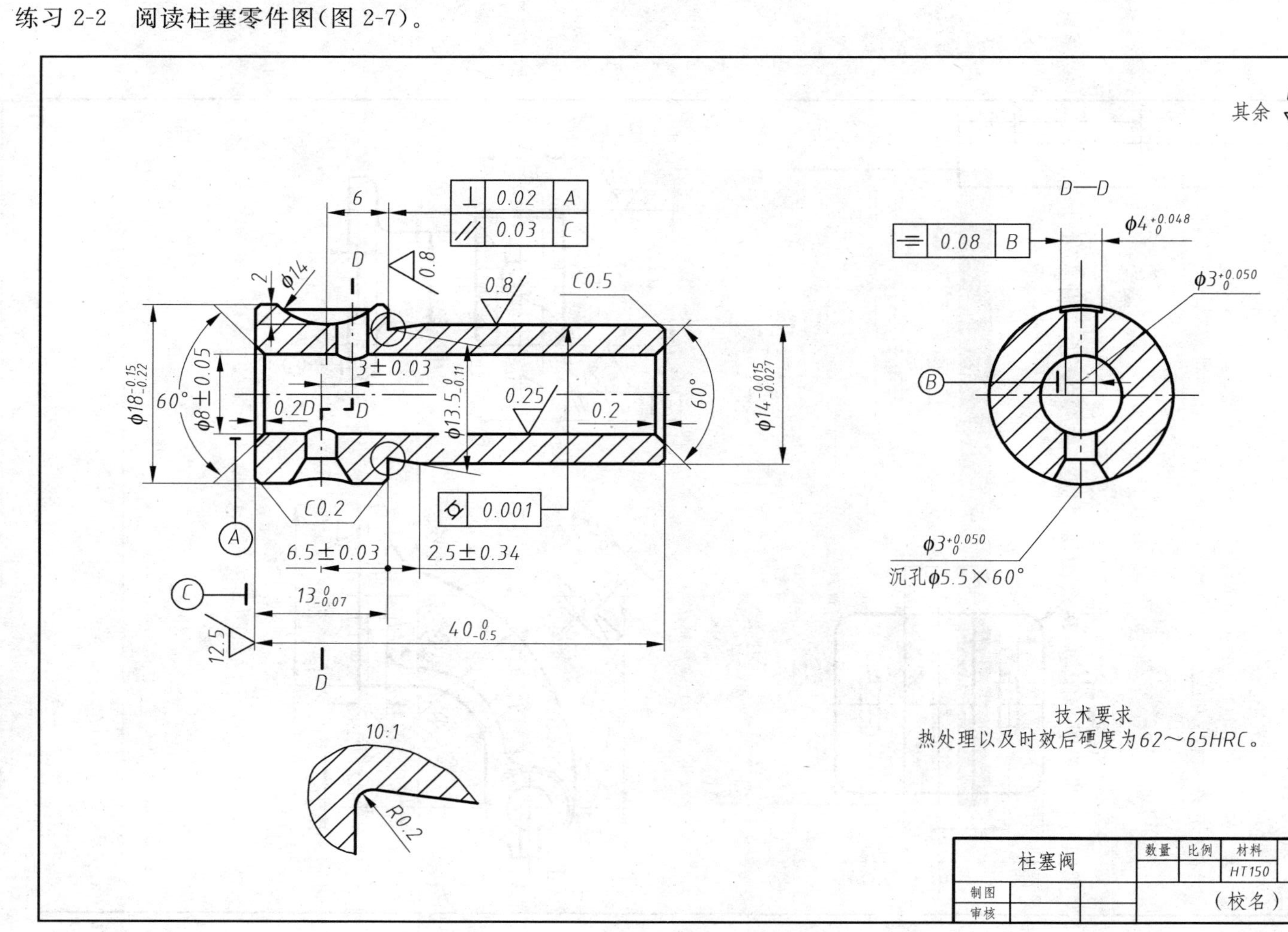

图 2-7　练习 2-2 图

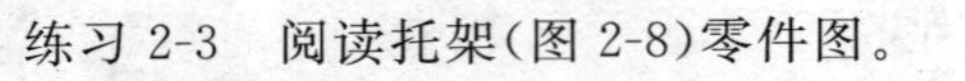

练习 2-3　阅读托架(图 2-8)零件图。

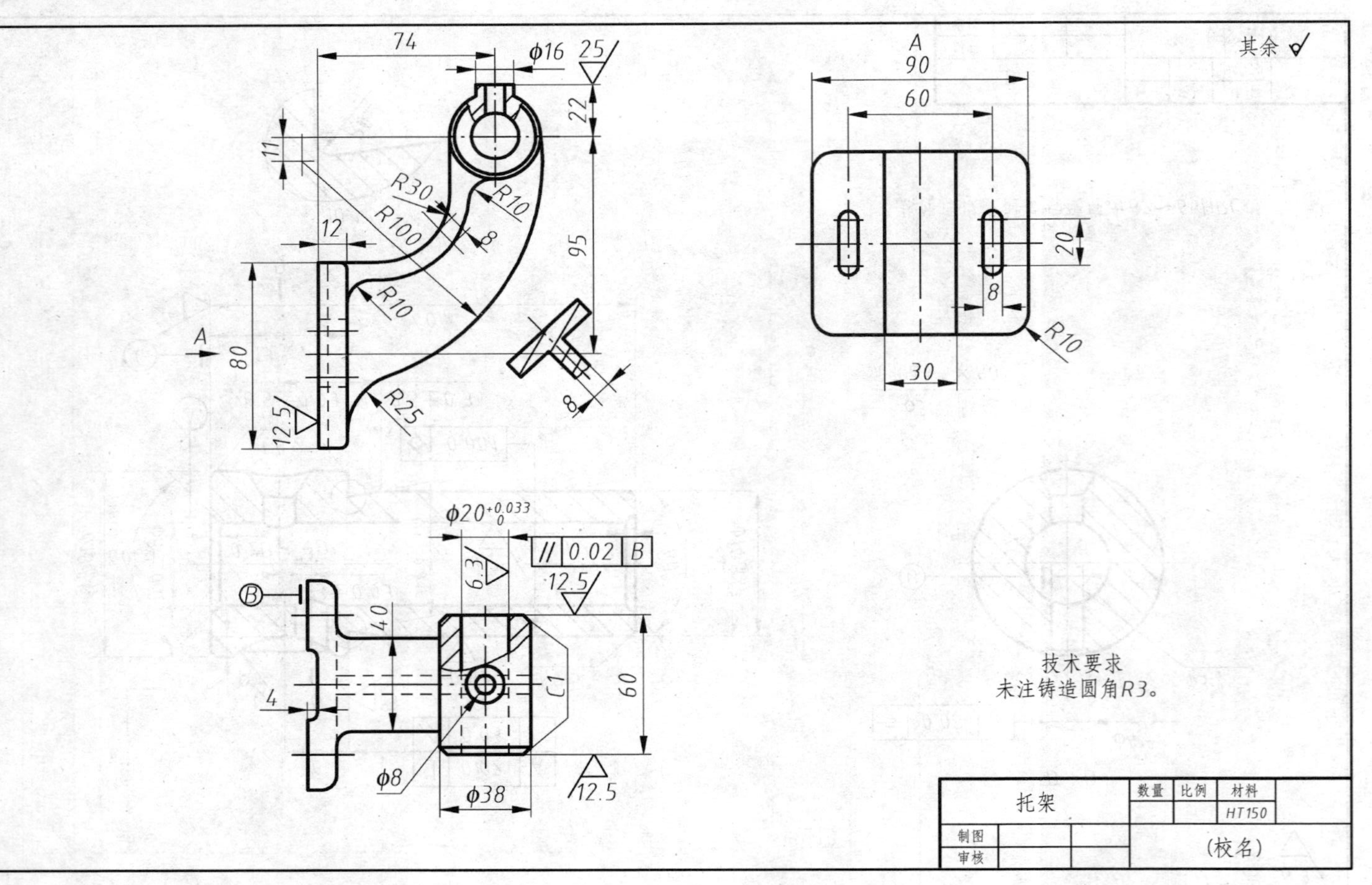

图 2-8　练习 2-3 图

第3章 部件测绘

本章将结合具体实例，介绍部件测绘的一般方法、步骤，以及零件草图、零件图和装配图的绘制。通过本章的学习，能够将理论教学中所学的装配工艺结构、装配图的表达方法等理论知识与生产实际进行紧密的结合，从而加深对理论知识的理解和运用，提高学生的工程意识和工程实践能力。

3.1 部件测绘的基本知识

在引进和吸收国外先进设备以及对原有设备进行改造、维修或进行设备仿造时，需要对现有的机器或零部件进行现场实际测绘，根据测绘的结果绘制其装配图和零件图。因此，测绘技术是工程技术人员必须掌握的基本技能。

部件测绘的一般方法和步骤如下。

1. 了解和分析部件结构

部件测绘时，首先要对部件进行研究和分析，了解其工作原理、结构特点和装配关系。

2. 画出装配示意图

装配示意图用来表示部件中各零件的相互位置和装配关系，是部件拆卸后重新装配和画装配图的依据。

装配示意图有如下特点：

(1) 只用简单的符号和线条表达部件中各零件的大致形状和装配关系。

(2) 一般零件可用简单图形画出其大致轮廓，形状简单的零件如螺栓、螺柱、螺钉和轴等可用单线段来表示，其中常用的标准件如轴承、键等可用国标规定的示意符号表示。

(3) 相邻两零件的接触面或配合面之间应留有间隙。

(4) 将所有零件进行编号，并填写明细栏。

3. 拆卸零件

拆卸零件前要研究拆卸方法和拆卸顺序，机械设备的拆卸顺序一般是由附件到主机、由外部到内部、由上到下进行。拆卸时要遵循“恢复原机”的原则，即在开始拆卸时就考虑再装配时与原机相同，即保证原机的完整性、准确性和密封性。外购部件和不可拆的部分，如过盈配合的衬套、销钉、机壳上的螺柱，以及一些经过调整、拆开后不易调整复位的零件，应尽量不拆，不能采用破坏性的拆卸方法。拆卸前要测量一些重要的尺寸，如运动部件的极限位置和装配间隙等。拆卸后对零件进行编号、清洗，并妥善保管，以免丢失。

4. 画零件草图

零件草图一般是在测绘现场徒手绘制的，草图的比例是凭眼睛判断的，所以绘制草图时只要求与被测零件大体上符合，并不要求与被测零件保持某种严格的比例。

绘制草图时应注意以下几点：

(1) 草图上的零件视图要表达完整、线形分明、尺寸标注正确，公差配合、形位公差的设计选择要合理。

（2）对所有非标准件均要绘制零件草图，零件草图应包括零件图的所有内容，标题栏内要记录零件的名称、材料、数量、图号等。

（3）草图要忠实于实物，不得随意更改，更不能凭主观猜测，零件上的一些细小结构，如孔口、轴端倒角、小圆角、沟槽、退刀槽、凸台和凹坑等也应画出。对设计不合理之处，将来在零件图上更改。

（4）优先测绘基础零件。基础零件一般都比较复杂，与其他零件关联的尺寸较多，部件装配时常以基础件为核心，将相关的零件装配其上，所以，应特别重视基础件的尺寸测量、精度等，而且要准确无误。

（5）草图上允许标注封闭尺寸和重复尺寸，这是为了便于检查测量尺寸的准确性。

（6）草图上较长的线条可分段绘制，大的圆弧也可分段绘制。

5. 根据装配示意图和零件草图画出装配图

一张完整的装配图应包括以下内容。

（1）一组图形　用一组视图正确、完整、清晰地表达机器或部件的工作原理，零件之间的相对位置关系、连接关系、装配关系，及其主要零件和重要零件的结构形状。

（2）必要的尺寸　用来表示机器或部件的性能、规格、零件间的配合、零部件安装、关键零件间的相对位置以及机器的总体尺寸。其他结构的尺寸不必注出。

（3）技术要求　用来说明机器或部件在装配、安装、调整、检验、维修及使用时必须满足的技术条件。

（4）零件的序号、明细栏和标题栏　序号与明细栏的配合说明了零件的名称、数量、材料、规格等，在标题栏中填写部件名称、数量及生产组织和管理工作所需要的内容。

6. 根据装配图绘制零件工作图

根据画好的装配图和零件测绘草图，绘制除标准件以外的所有零件工作图，在绘制零件工作图时，原草图上的一些结构和数据需要调整的要进行调整。

3.2　齿轮油泵的测绘

测绘如图 3-1 所示的齿轮油泵。

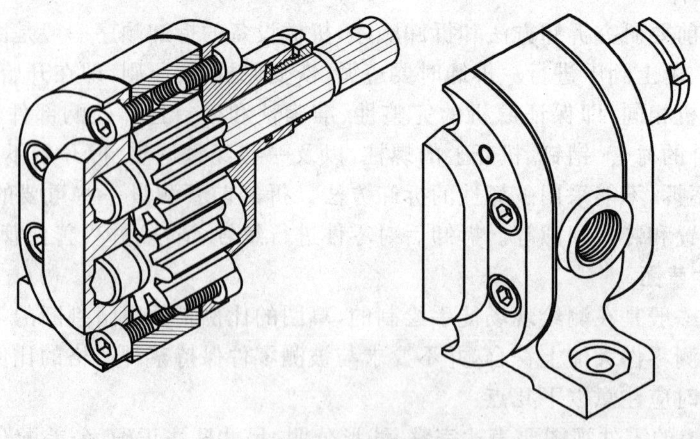

图 3-1　齿轮油泵

3.2.1　齿轮泵简介

依靠泵体(缸)与啮合齿轮间所形成的工作容积变化和移动来输送液体或使之增压的回转泵称为齿轮泵(gear pump)。齿轮泵有外啮合式或内啮合式两种结构。外啮合齿轮泵又分为双齿轮泵、三齿轮泵、五齿轮泵，以外啮合双齿轮泵最为常见。齿轮泵适用输送不含固体颗粒、无腐蚀性、黏度范围较大的润滑性液体，通常用作液压泵和输送各类油品。泵的流量可至 $300m^3/h$，压力可达 3×10^7Pa。齿轮泵结构简单紧凑，容易制造，维护方便。但缺点是流量、压力脉动较大，且噪声大。齿轮泵常带安全阀，以防止由于某种原因(如排出管堵塞使泵的出口压力超过容许值)而损坏泵或原动机。

3.2.2　工作原理

图 3-1 所示的齿轮泵是冷却系统及润滑系统中常用的部件，它供给油路中的油液是依靠一对齿轮的高速旋转运动来输送的。齿轮泵的工作原理如图 3-2 所示，当主动齿轮作逆时针方向旋转时，带动从动齿轮作顺时针方向旋转，当旋转速度达到一定转数时，啮合区内右边吸入腔空间由于轮齿的相互啮合、脱开，齿间容积增大，压力降低而产生局部真空，油池内的油在大气压的作用下进入油泵低压区内的吸油口，随着齿轮的转动，一个个齿槽中的油液不断地沿着图中箭头所指的方向被带到左边的排出腔将油从齿隙中不断挤出，并输送到机器中需要冷却或润滑的地方。

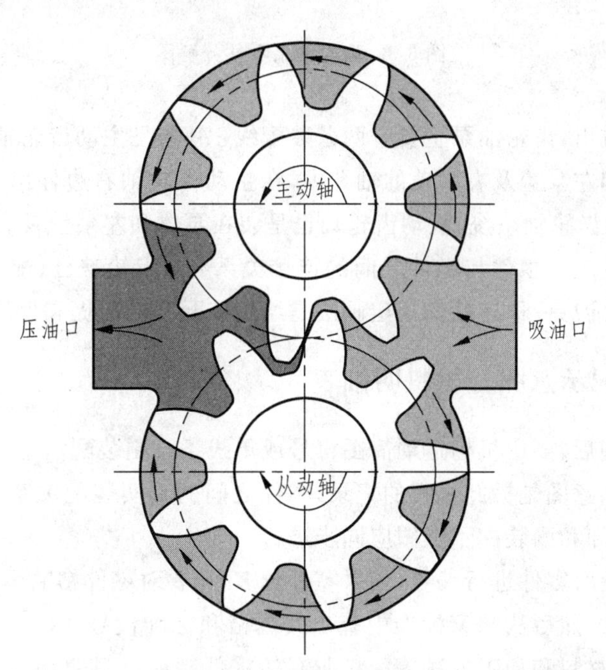

图 3-2　齿轮油泵工作原理图

3.2.3 装配关系

齿轮油泵的零件分解图如图 3-3 所示。

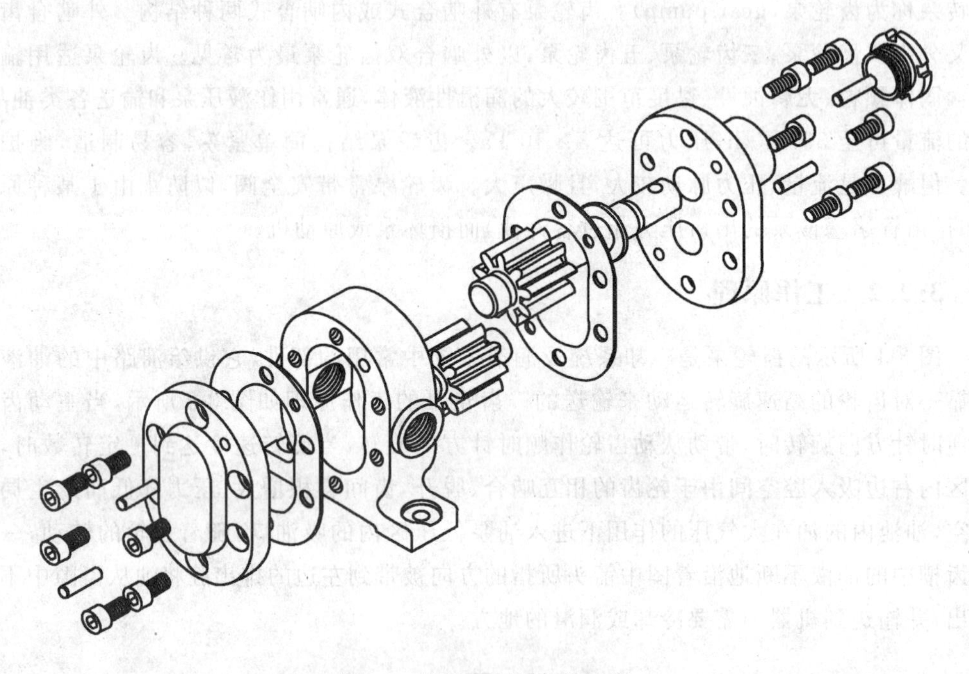

图 3-3 齿轮油泵零件分解图

从图中可以看出，齿轮油泵主要有两条装配线：一条是主动齿轮轴系统，它是由主动齿轮轴装在泵体和左泵盖及右泵盖的轴孔内，在主动齿轮轴右边伸出端装有填料及螺塞等；另一条是从动齿轮轴系统，从动齿轮轴也是装在泵体和左泵盖及右泵盖的轴孔内，与主动齿轮啮合在一起。零件与零件之间的连接关系有：齿轮啮合、配合、螺钉连接、销连接、螺纹连接。明确每一种连接的规定画法是绘制装配图的前提和保证。

3.2.4 装配示意图与材料明细表

了解工作原理后，要用机构运动简图符号或单线条绘制装配示意图，以简洁地表示其装配关系。装配示意图是拆卸过程的记录，零件之间的真实装配关系只有在拆卸后才能显示出来，因此拆卸和画装配示意图应同步进行。

拆卸零件时应对零件进行编号，如果零件较多，还要对零件粘贴标签。对于标准件只需要测量基本尺寸，然后从国家标准中查出其规格和标准代号；对于非标准件要绘制其零件草图，确定其材料和加工方法等。将所有的零件制成材料明细表。装配示意图和材料明细表如图 3-4 所示。

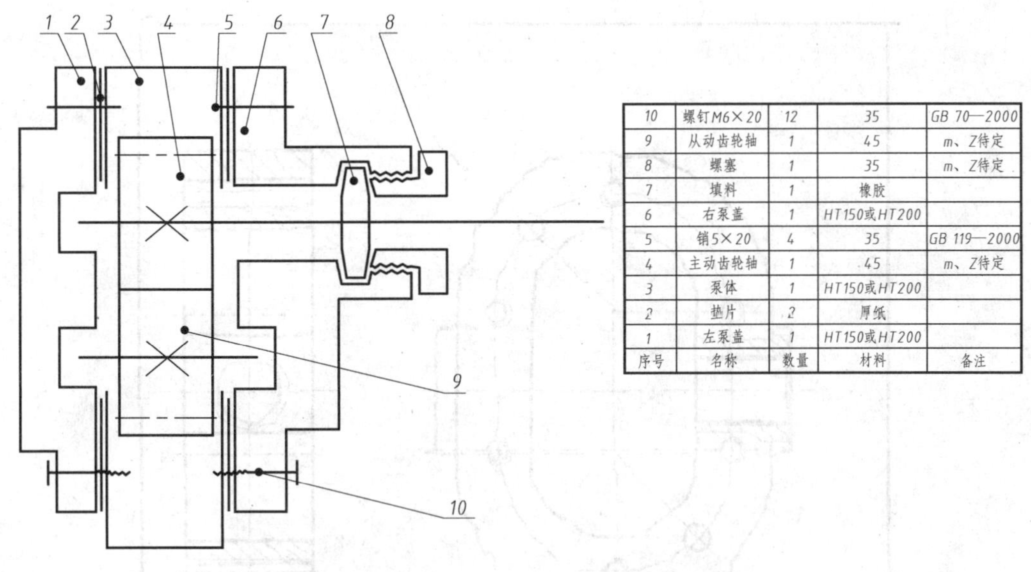

10	螺钉M6×20	12	35	GB 70—2000
9	从动齿轮轴	1	45	m、Z待定
8	螺塞	1	35	m、Z待定
7	填料	1	橡胶	
6	右泵盖	1	HT150或HT200	
5	销5×20	4	35	GB 119—2000
4	主动齿轮轴	1	45	m、Z待定
3	泵体	1	HT150或HT200	
2	垫片	2	厚纸	
1	左泵盖	1	HT150或HT200	
序号	名称	数量	材料	备注

图 3-4　齿轮油泵装配示意图和材料明细表

3.2.5　绘制零件草图和零件图

1. 绘制泵体的零件草图

1）结构分析

泵体的轴测图如图 3-5 所示。

从图 3-5 可以看出，泵体的上下和左右方向不具有对称性，前后对称，零件表面未加工处都有圆角结构，由此可判断毛坯为铸件。中间的腔体起到容纳作用，是该零件的主要结构；吸油和出油孔均有凸台，起到增加强度的作用；安装部分带有凹槽结构，既减轻了整体的重量又减少了加工面积，从而降低了成本，增加了接触性能。主要加工面有腔体内表面、前后面、安装面（底面）、螺纹孔和销孔内表面。泵体的材料为铸铁。

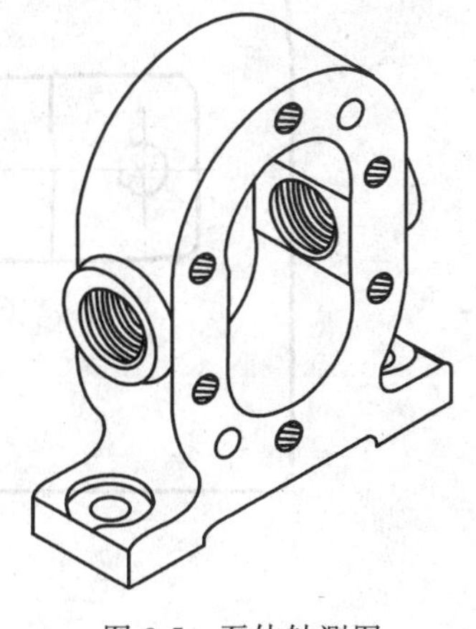

图 3-5　泵体轴测图

2）与其关联的零件

泵体的空腔与齿轮的齿顶圆存在配合关系，精度较高，泵体的前后两个平面与纸垫接触，通过 12 根螺栓将泵体与前后泵盖固定在一起，两个销钉起定位作用。

3）表达方法

按自然位置摆放，主视图采用两处局部剖视的表达方法，将进、出油孔的直径和安装孔的结构和尺寸表达清晰；左视图采用旋转剖视的表达方法，将螺纹孔和销孔的深度表达出来；仰视图的目的是更加清晰地表达安装孔的结构和尺寸。徒手绘制的零件草图见图 3-6，整理后的零件图见图 3-7。

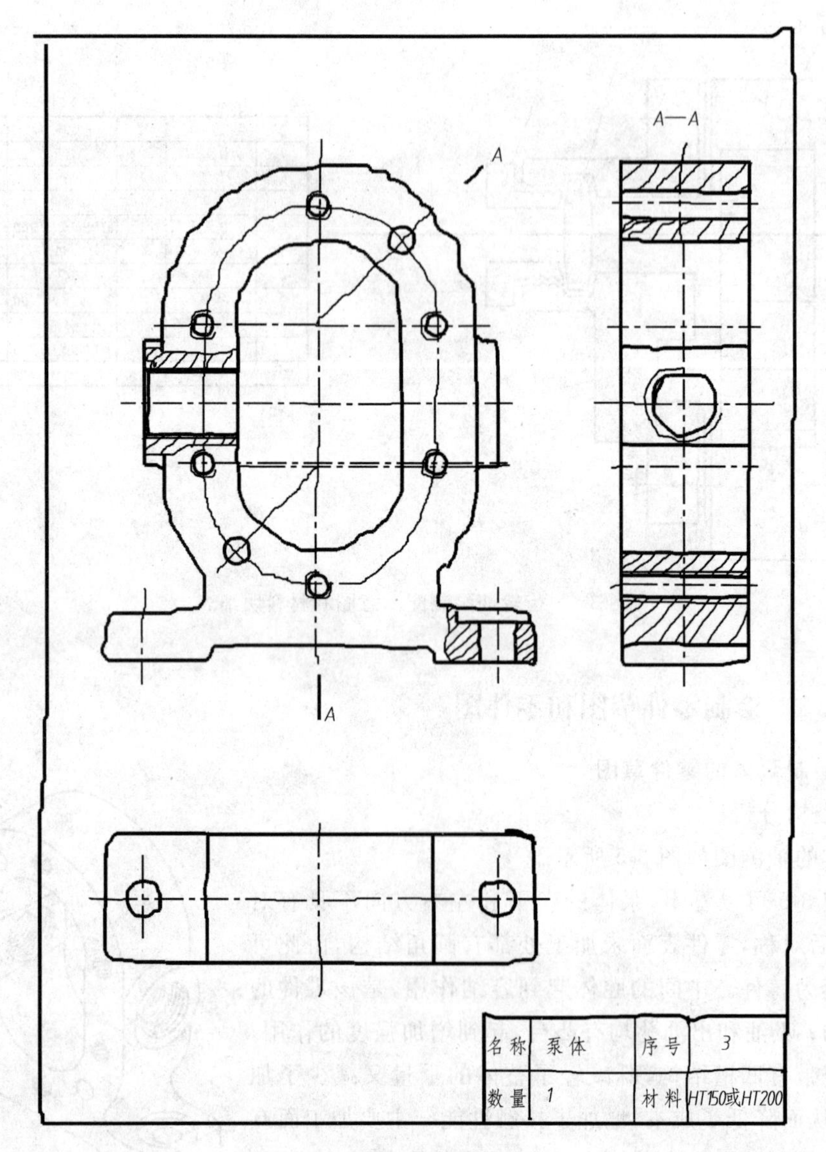

图 3-6 泵体零件草图

2. 绘制左泵盖的零件草图

1）结构分析

左泵盖的立体图如图 3-8 所示。从图中可以看出，毛坯为铸铁件，两个孔的直径因为与主动轴和从动轴具有配合关系，所以孔的直径尺寸和中心距精度要求较高。6 个沉孔的尺寸应与内六角圆柱螺钉的尺寸相匹配。材料为铸铁。

2）与其关联的零件

左泵盖通过 6 个内六角圆柱螺钉和两个圆柱销与泵体连接，中间通过纸垫起到密封作用，两个轴孔分别与主动轴和从动轴通过配合关系连接在一起。

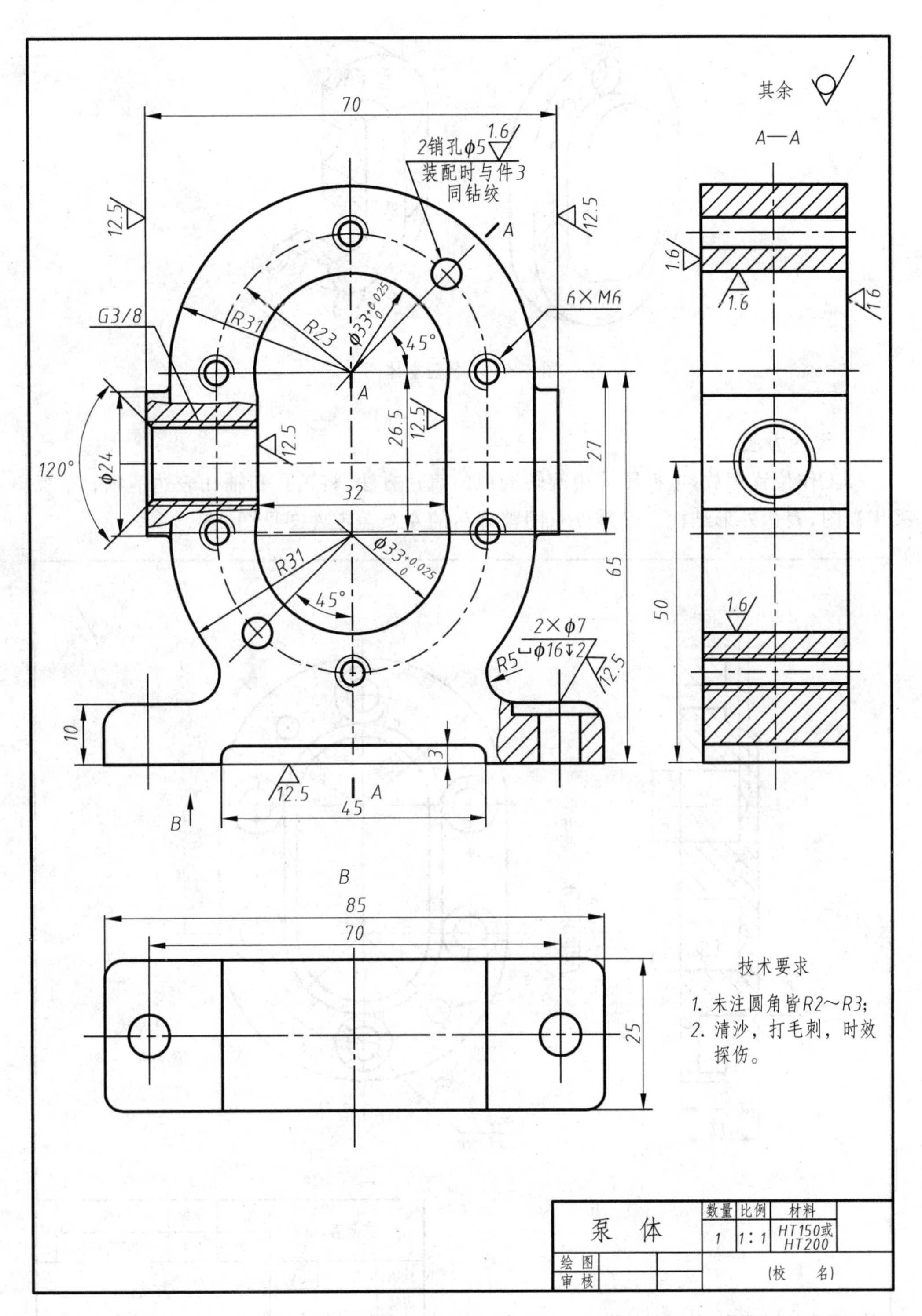
其余
A—A
70
2销孔φ5
1.6
装配时与件3
同钻绞
12.5
A
6×M6
G3/8
R31
R23
φ33+0.025 0
45°
120°
φ24
26.5
32
27
65
50
R31
45°
2×φ7
φ16↧2
R5
10
3
45
B
B
85
70
25
技术要求
1. 未注圆角皆R2～R3;
2. 清沙，打毛刺，时效探伤。
泵　体
数量
比例
材料
1
1:1
HT150或HT200
绘图
审核
(校　名)

图 3-7　泵体零件图

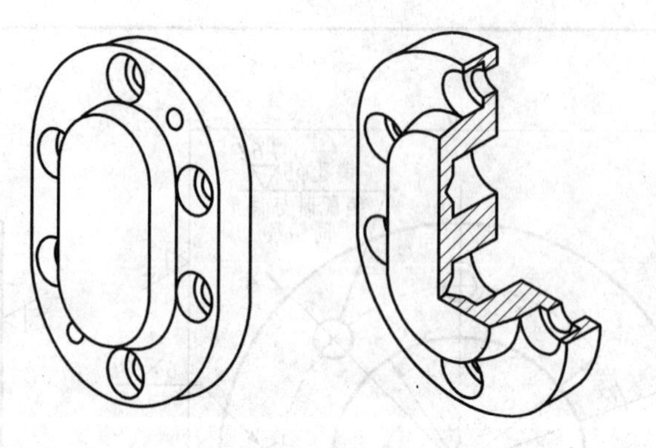

图 3-8　左泵盖立体图

3）表达方法

按工作位置摆放，主视图采用旋转剖视的表达方法，将销孔和轴孔表达清晰；左视图采用视图，表达外形结构。经零件草图整理后的左泵盖零件图见图 3-9。

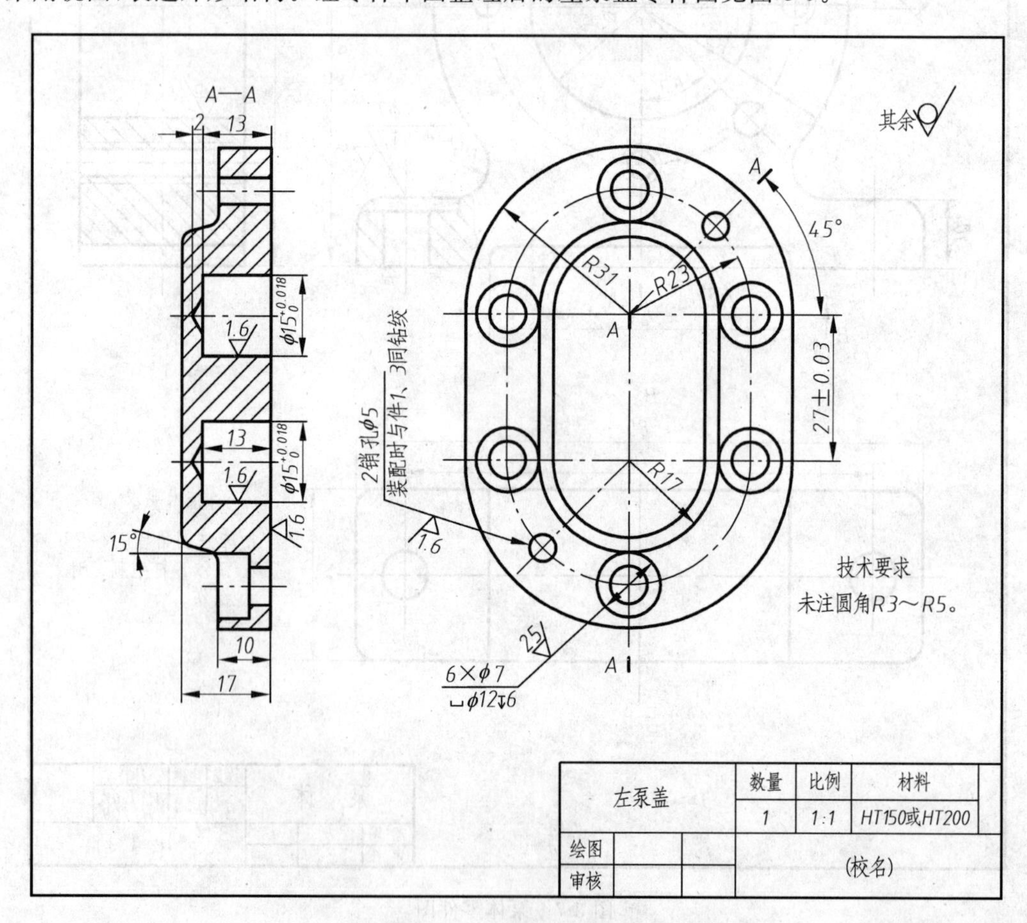

图 3-9　左泵盖零件草图

3. 绘制右泵盖的零件草图

1）结构分析

右泵盖的立体图如图 3-10 所示。从图中可以看出，零件不具有对称性，毛坯为铸件。两个轴孔结构起支撑主、从动轴的作用，是该零件的主要结构，尺寸精度较高；凸台的沟槽结构是放置密封材料的地方；内螺纹结构安装时与螺塞旋合，起到主轴密封作用。主要加工面有两个轴孔、与泵体接触的平面、销孔等。右泵盖的材料为铸铁。

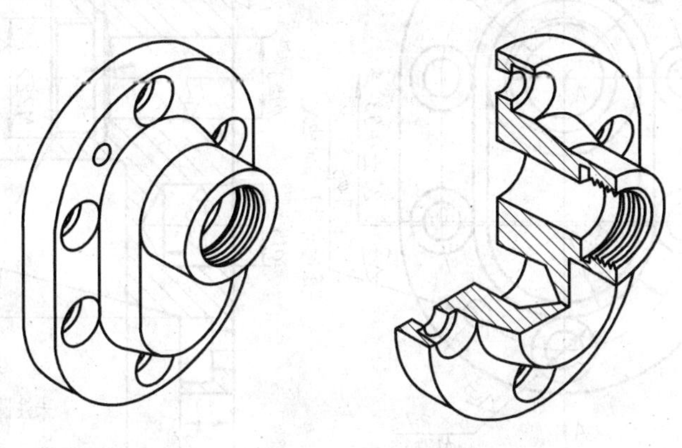

图 3-10　右泵盖立体图

2）与其关联的零件

右泵盖的两个轴孔与主、从动轴的轴端具有配合关系，内螺纹结构与螺塞旋合，右泵盖后面的平面与纸垫接触，通过 6 根内六角圆柱螺钉与泵体固定在一起，两个销钉起定位作用。

3）表达方法

按工作位置摆放，主视图采用视图，表达外形结构；左视图采用旋转剖视的表达方法，将销孔、轴孔和内螺纹结构表达清晰。经零件草图整理后的右泵盖零件图见图 3-11。

4. 绘制主动齿轮轴

1）结构分析

主动齿轮轴的立体图如图 3-12 所示。其结构包括齿轮部分、两个退刀槽等典型结构，轴上圆孔的作用是通过连接销与其他构件连接，材料应为 45 钢，轴端应倒角。

2）与其关联的零件

主动齿轮轴和从动齿轮轴具有啮合关系，因此两个齿轮的模数和压力角应相等，所以在测绘齿轮参数时，可以相互借鉴，避免重复劳动。齿顶圆与泵体具有配合关系，两段支撑轴段与左、右泵盖的轴孔也有配合关系。

3）表达方法

按加工位置摆放，主视图采用局部视图，将轮齿和孔结构表达清楚。经零件草图整理后的主动齿轮轴的零件图见图 3-13。

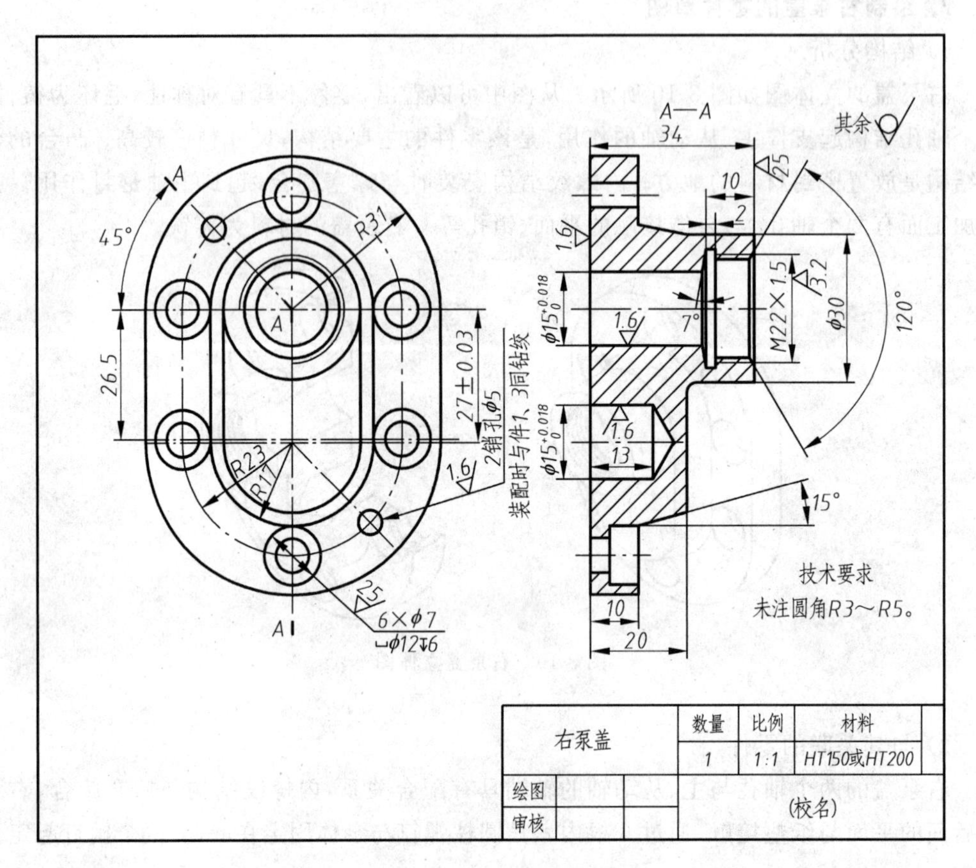

图 3-11　右泵盖零件图

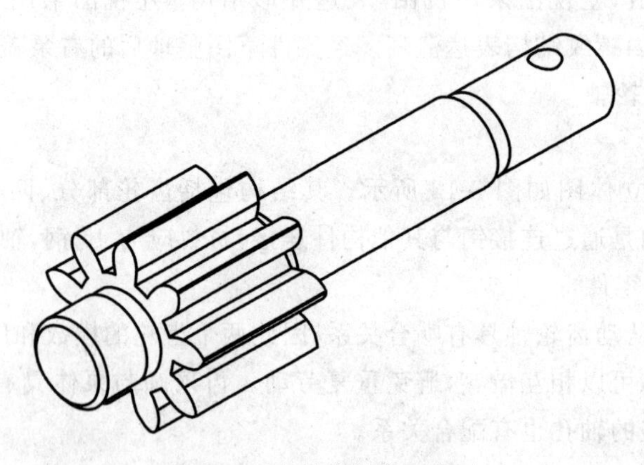

图 3-12　主动齿轮轴立体图

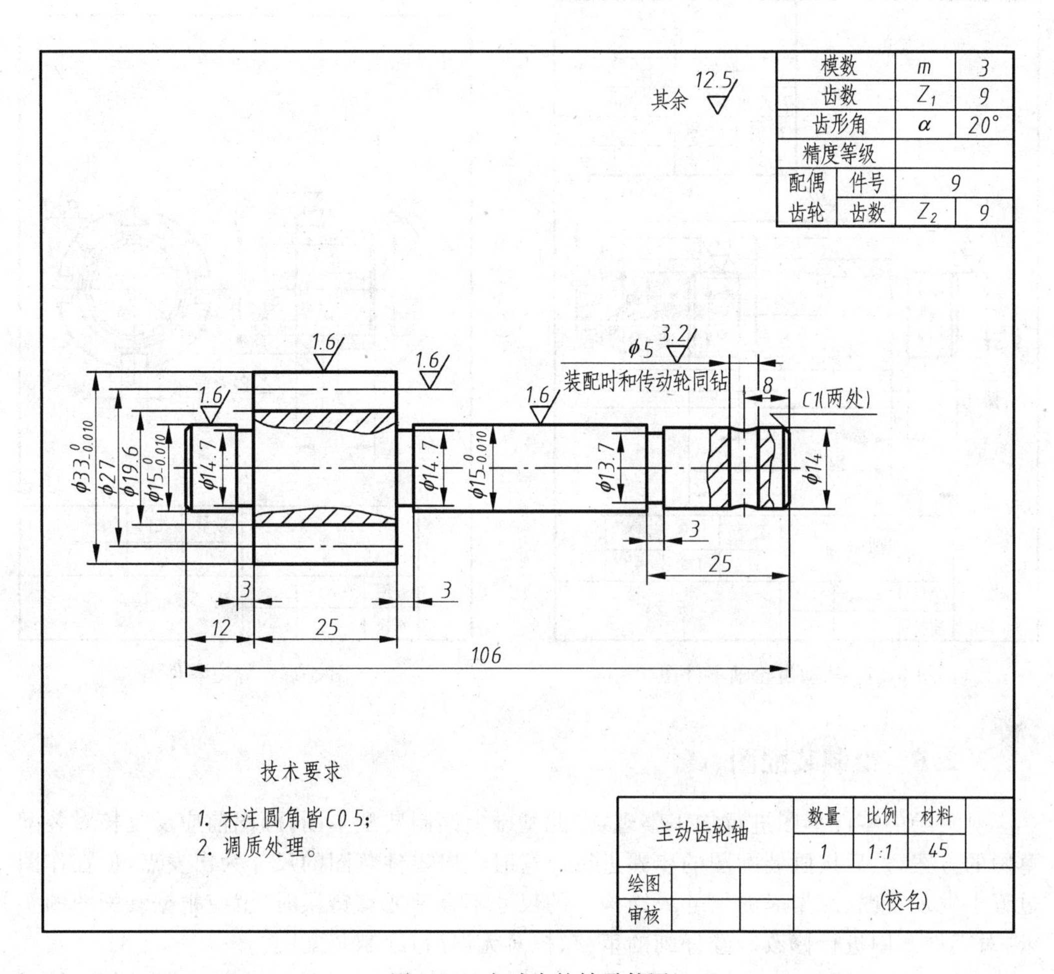

图 3-13　主动齿轮轴零件图

其他零件的轴测图和零件图分别见图 3-14～图 3-17，这里不再做详细说明。

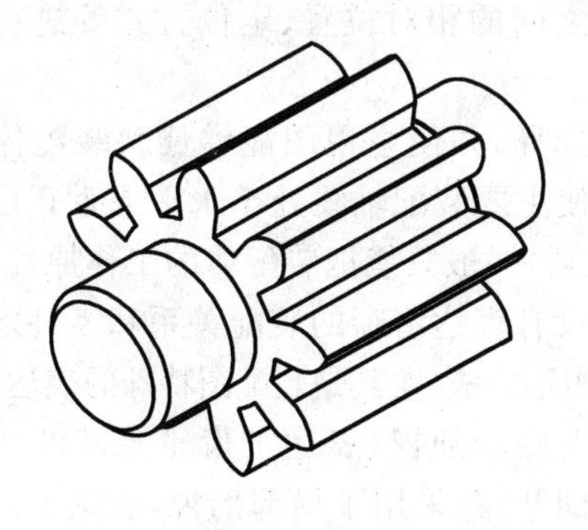

图 3-14　从动齿轮轴轴测图

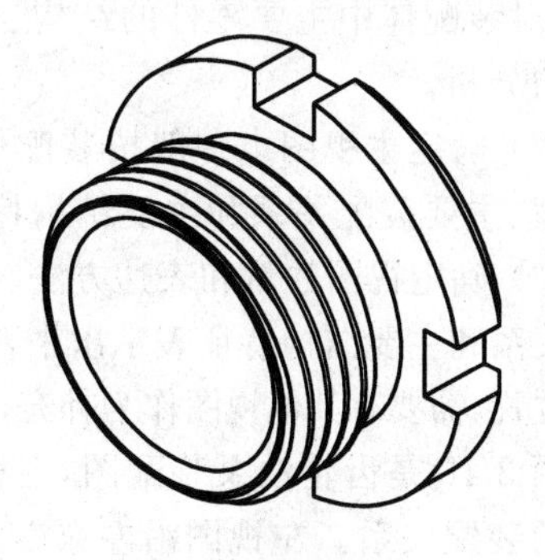

图 3-15　螺塞轴测图

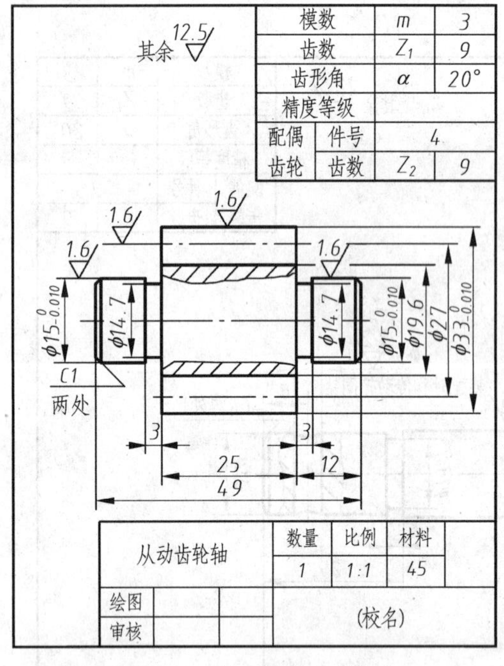

图 3-16 从动齿轮轴零件图

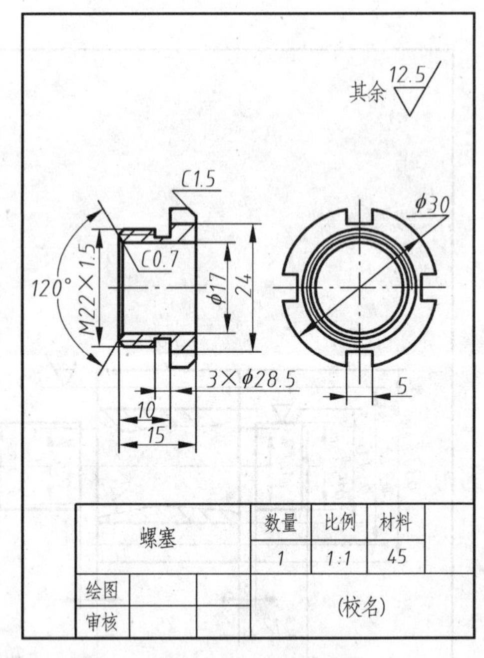

图 3-17 螺塞零件图

3.2.6 绘制装配图

对测绘的零件草图进行加工整理，在此基础上绘制装配草图，画图前应反复核对装配草图的方案，然后按画装配图的步骤进行。这时应以零件草图的尺寸为出发点，但在作图过程中发现草图、测量时的尺寸或结构上的尺寸不合理或有错误时，就应根据装配图的要求，对零件草图进行修改。经仔细的审核、校对无误后，绘制装配图。

绘制装配草图时应力求简洁，要以最少的视图，完整、清晰地表达出机器或部件的工作原理和装配关系，所以，绘制装配草图时应注意以下几点。

(1) 进行部件分析。对测绘的机器或部件进行仔细的观察，了解其工作原理和装配关系，对装配体中主要零件的结构、形状以及零件之间的相对位置、定位方式等进行深入细致的分析。

(2) 确定主视图。一般按装配体的工作位置选择，并使主视图能够反映装配体的工作原理、主要装配关系和主要结构特征，同时尽量使主要装配轴线处于水平或垂直位置。

(3) 确定视图数量和表达方法。主视图选定之后，一般只能把装配体的工作原理、主要装配关系和主要结构特征表示出来，针对主视图还没有表达清晰的装配关系和零件之间的相对位置，需要有其他视图作为补充，灵活运用各种表达方法，尤其是装配图特殊的表达方法。

图 3-18 是齿轮油泵装配图，主视图采用 $A—A$ 旋转剖视，表达了齿轮泵零件与零件之间的装配关系。左视图沿左泵盖与泵体结合面剖开，并采用了局部剖视，表达了一对齿轮的啮合情况及进、出口油路。由于油泵在此方向内、外结构形状接近对称，故此视图采用半剖视图的表达方法。俯视图主要表示齿轮油泵顶视方向的外形，因其前后对称，为使图纸合理利用和整个图面布局合理，故只画了略大于一半的图形。

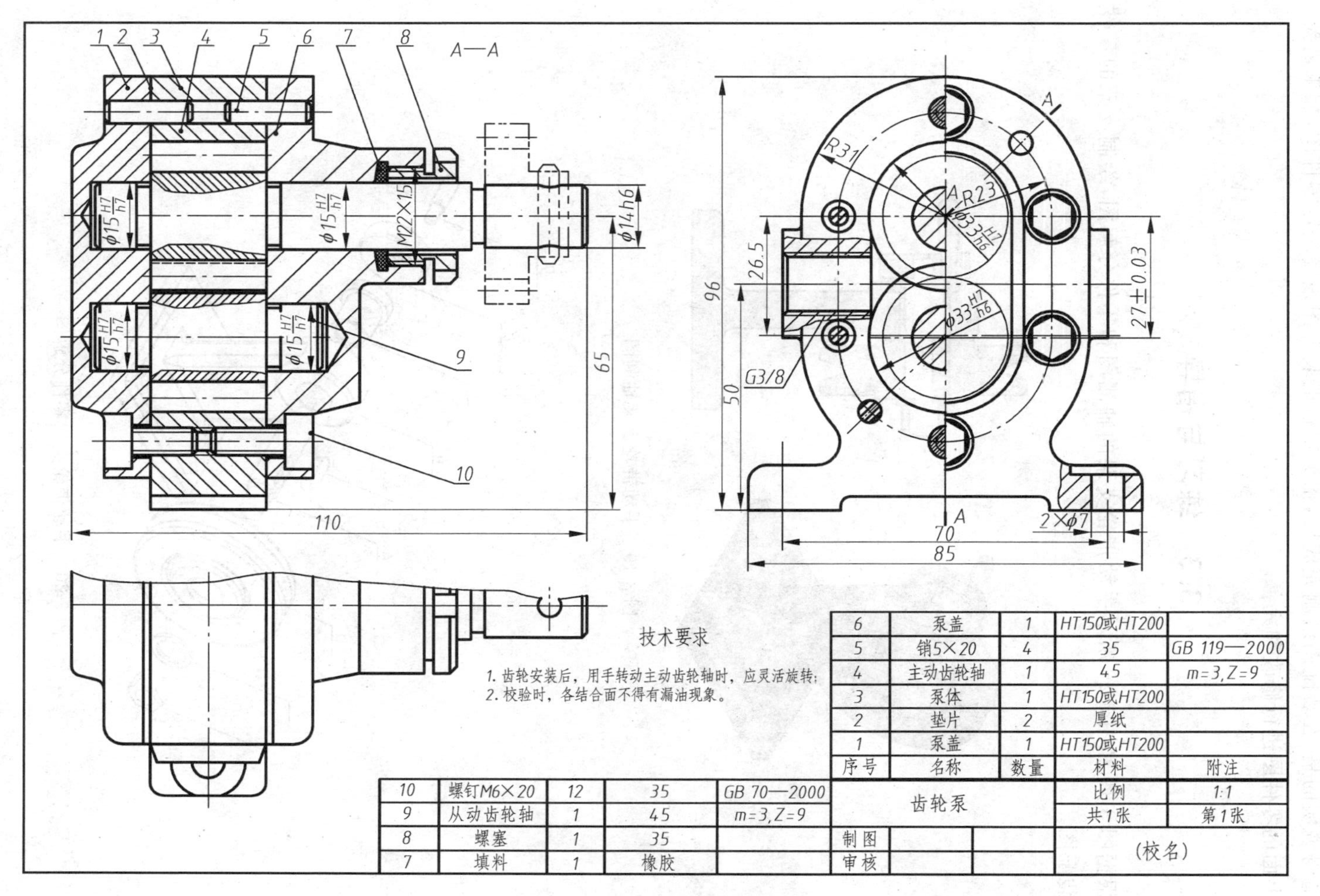

图 3-18　齿轮油泵装配图

值得说明的是，在装配图绘制完成后，根据定稿的装配图最终决定零件图，如果需要，应对上面的零件图进行修改和完善。

3.3　练习与指导

根据图 3-19 和图 3-20 所示手动带轮支架的轴测图和零件分解图，绘制支架的零件图和装配图。

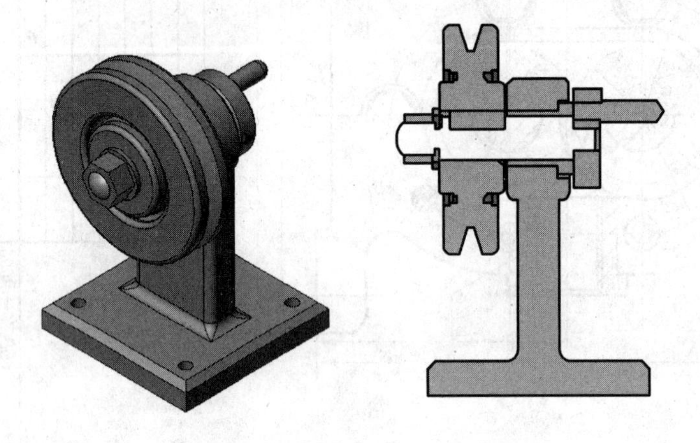

图 3-19　手动带轮支架轴测图

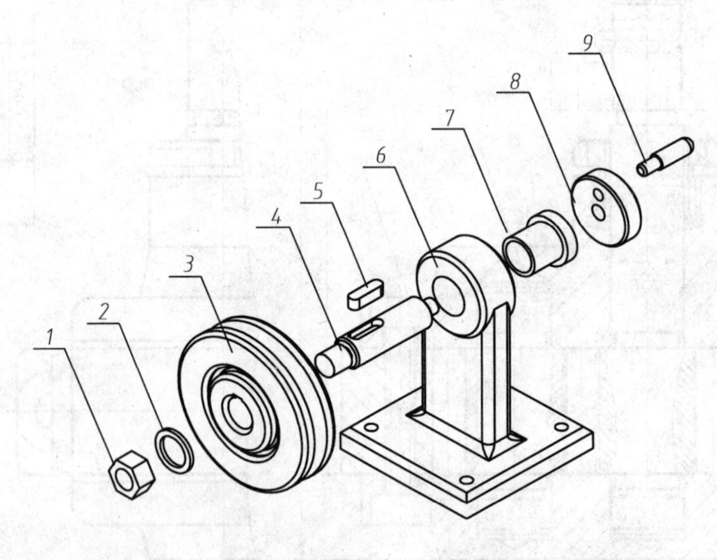

图 3-20　手动带轮支架零件分解图

指导：参考轴测图，具体的零件尺寸自定，零件与零件之间应协调呼应，零件结构应合理，零件造型应美观大方。各零件的材料如表 3-1 所示。

表 3-1　材料明细表

序号	名称	数量	材料	备注
9	手柄	1	LY13	
8	手柄轮	1	LY13	
7	轴套	1	45	
6	支架	1	Q235	
5	键	1	Q235	GB/T 1096—2003
4	轴	1	45	
3	皮带轮	1	45	
2	垫圈	1	Q235	GB/T 848—2002
1	螺母	1	Q235	GB/T 6170—2000

工作原理：转动手柄 9，手柄轮 8 随之转动，从而带动轴 4 与皮带轮 3 转动，皮带轮 3 通过皮带与从动轮连接，从而实现动力的传递。轴套 7 与支架 6 和轴 4 有配合关系，为防止皮带轮 3 脱落，用螺母 1 固定，轴 4 的左边轴段有外螺纹结构。

第4章 指导性实例分析

本章以3种齿轮油泵为例，引导读者逐步完成部件测绘、零件图和装配图绘制等实践工作。在测绘和绘图的过程中，可参考前3章的相关内容。本章的工作以学生为主，在教师的指导和要求下完成。

4.1 卧式齿轮油泵

1. 卧式齿轮泵的工作原理

动力由皮带轮输入，通过主动轴传递给主动齿轮。两齿轮的啮合转动将油从入口吸入泵体的进油腔，再由出口流出。由皮带轮、主动轴、齿轮等一系列零件组成了卧式齿轮油泵的装配干线，实现油泵泵油的主要功能，其爆炸图如图4-1所示。

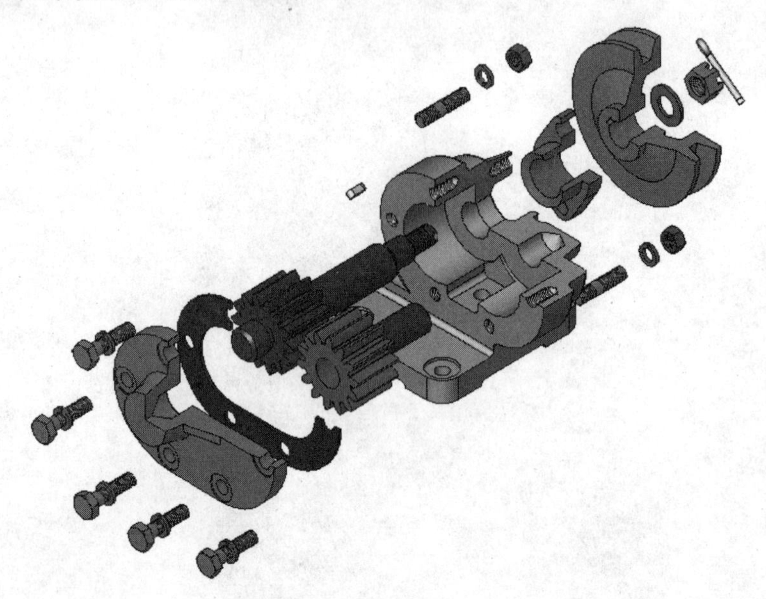

图4-1 卧式齿轮油泵爆炸图

2. 绘制工作原理图、装配示意图和填写材料明细表

按装配干线，拆卸卧式齿轮油泵装配体模型的零件，进一步认识零件以及零件间的装配关系、作用等，并加深理解油泵的工作原理。根据图4-1所示的爆炸图，完善图4-2所示的工作原理图，在图4-3中绘制装配示意图，在表4-1中填写明细零件(标准件应查出其国标代号)。

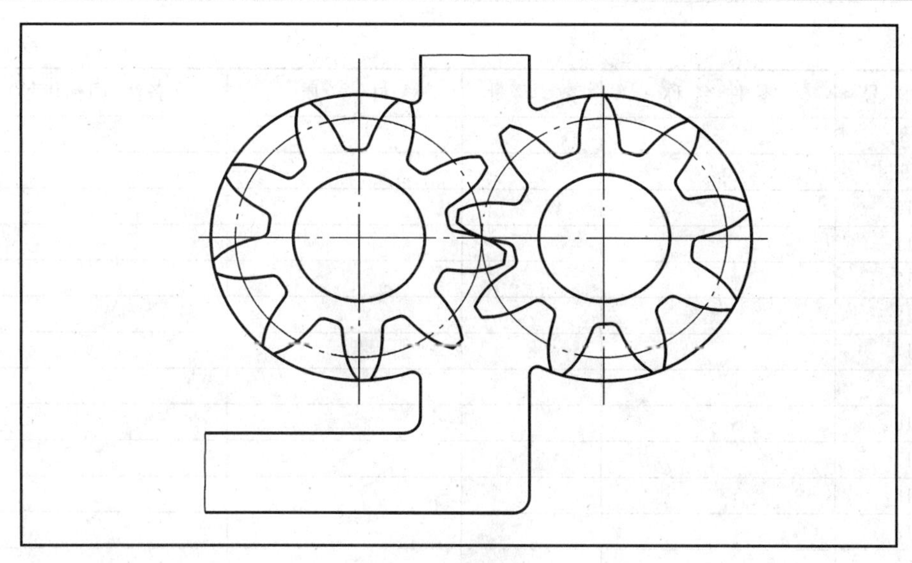

图 4-2　卧式齿轮油泵工作原理图

图 4-3　卧式齿轮油泵装配示意图

表 4-1　零件明细表

序　　号	零 件 名 称	数　　量	材　　质	备注(国标代号)
1				
2				
3				
4				
5				
6				
7				

续表

序　号	零件名称	数　量	材　质	备注(国标代号)
8				
9				
10				
11				
12				
13				
14				
15				
16				
17				
18				
19				
20				
21				
22				

3. 完成齿轮轴零件图 4-4 并填表 4-2，标注尺寸并写明技术要求

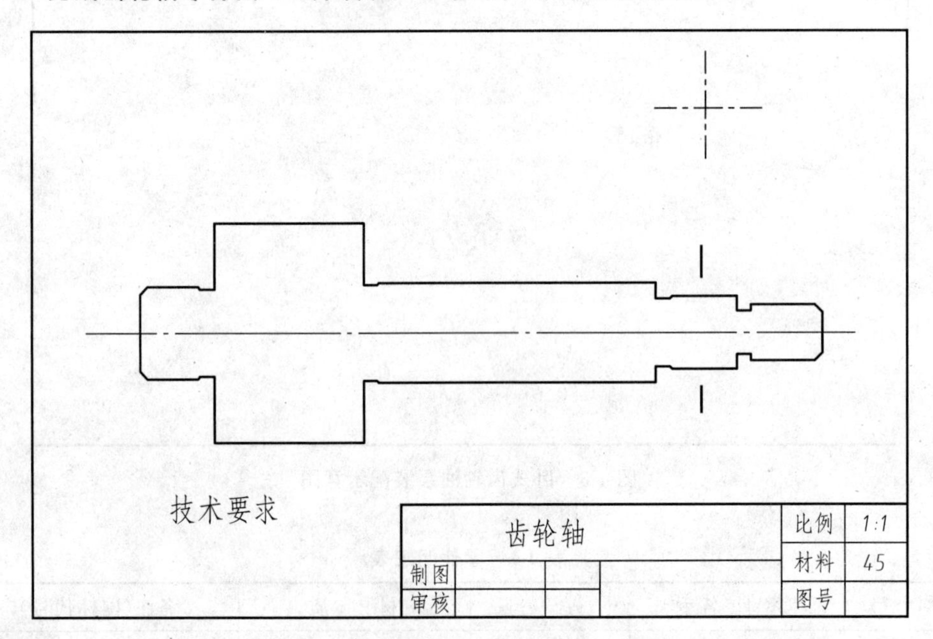

图 4-4　齿轮轴零件图

表 4-2　齿轮部分参数

齿数 Z	齿顶圆直径 d_a	齿顶圆周长 L	齿轮厚度	计算模数 m 并圆整

4. 在图 4-5 中绘制从动齿轮，填写表 4-3

技术要求
1. 高频淬火后，回火至50～55HRC；
2. 未注倒角C2。
齿 轮
比例
1:1
材料
45
制图
审核
图号

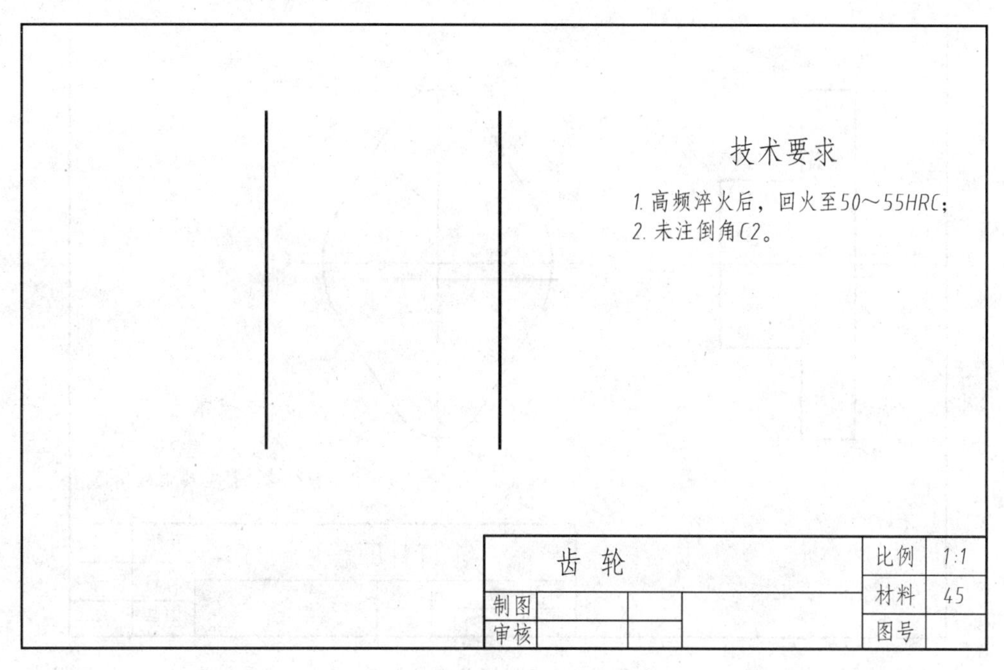

图 4-5　从动齿轮零件图

表 4-3　齿轮参数

齿数 Z	齿顶圆直径 d_a	齿顶圆周长 L	齿轮厚度	计算模数 m 并圆整

5. 在图 4-6 中绘制从动轴零件图

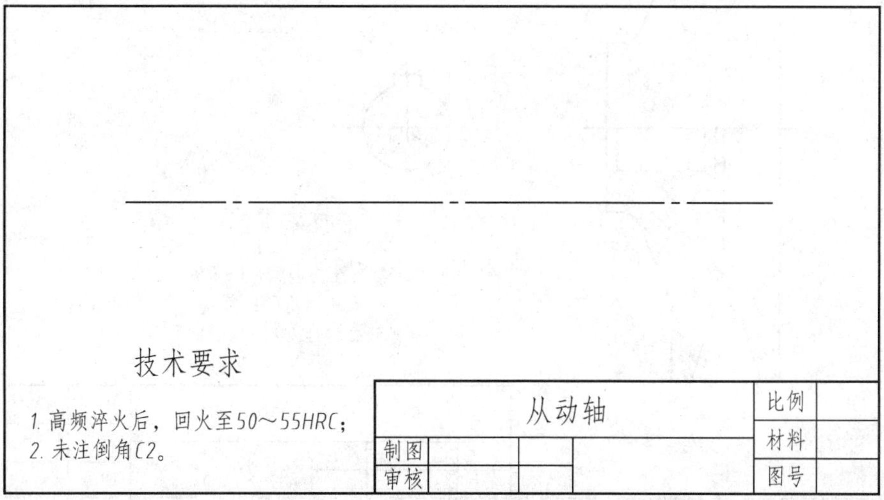

技术要求
1. 高频淬火后，回火至50～55HRC；
2. 未注倒角C2。
从动轴
比例
材料
制图
审核
图号

图 4-6　从动轴零件图

6. 在图 4-7 中完成填料压盖零件图

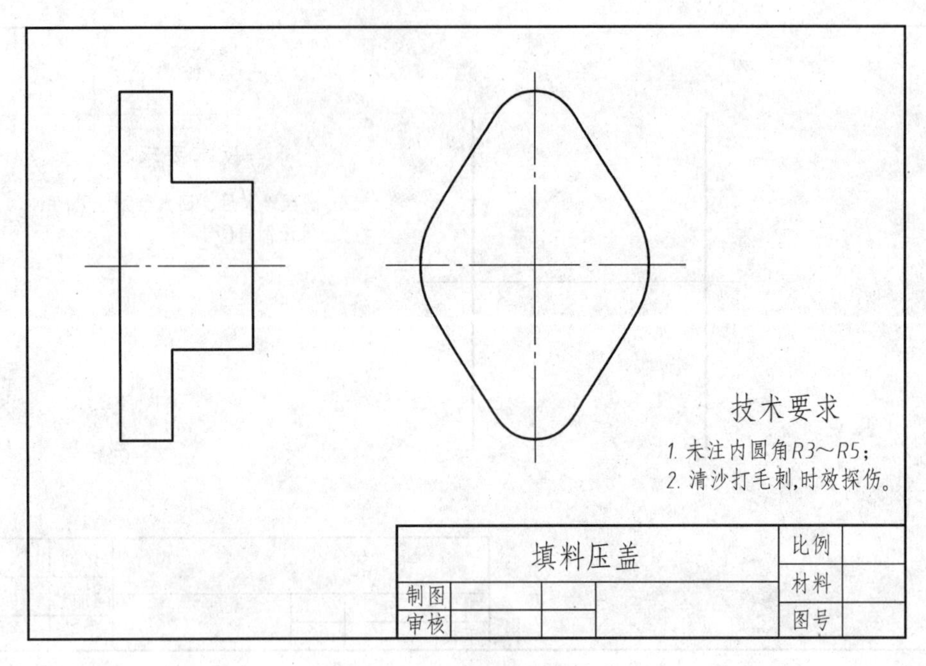

图 4-7 填料压盖零件图

7. 在图 4-8 中标注皮带轮零件图尺寸并写明技术要求

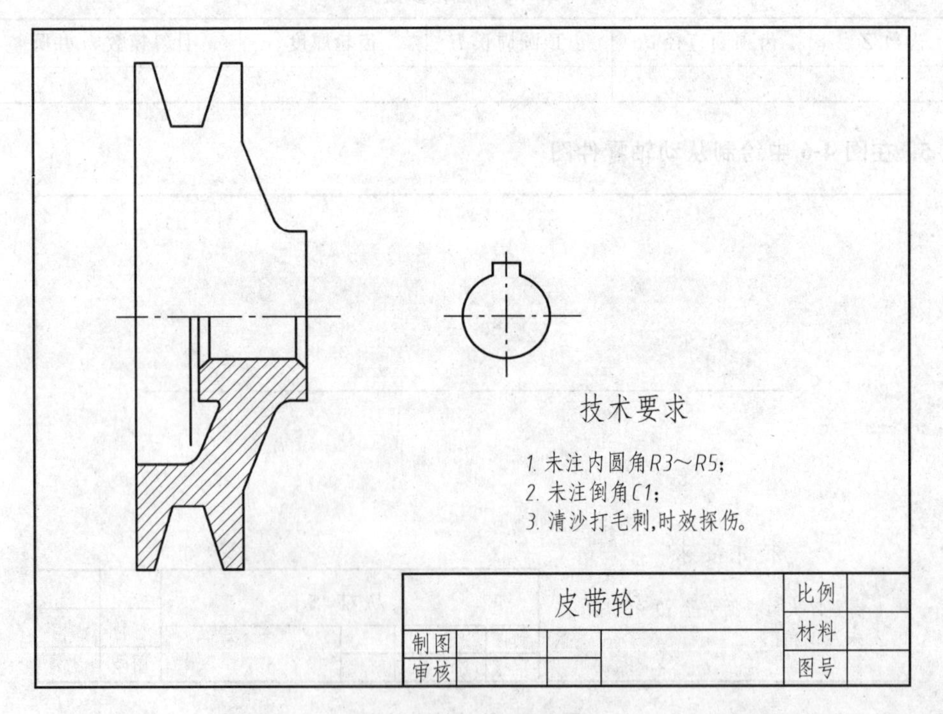

图 4-8 皮带轮零件图

8. 在图 4-9 中绘制泵盖零件图

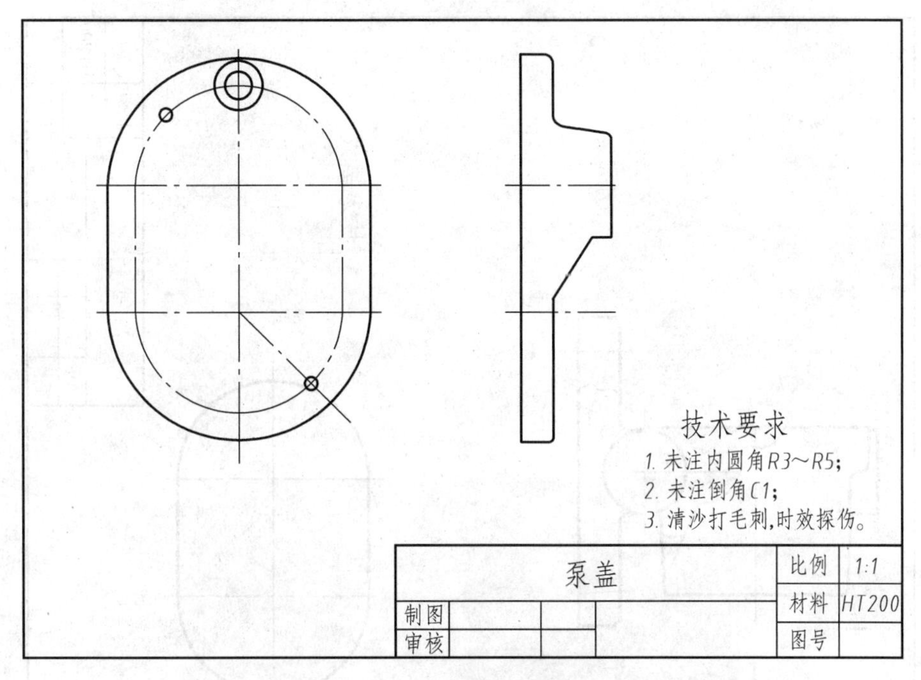

图 4-9　泵盖零件图

9. 在图 4-10 中绘制密封垫零件图。确定其厚度和材质,并说明其作用

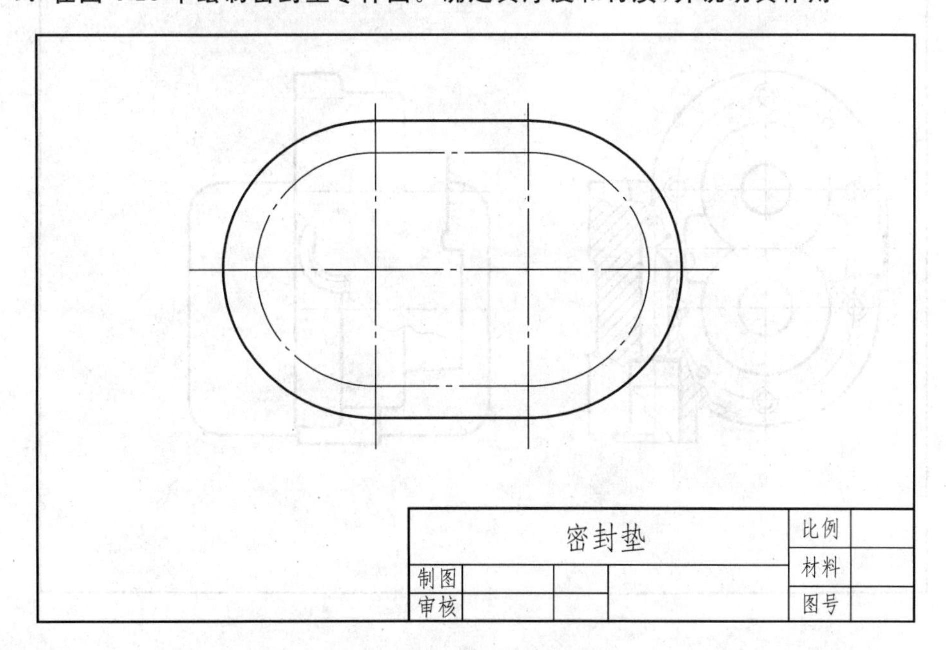

图 4-10　密封垫零件图

10. 完成泵体零件图(在草图纸上绘制),参考图 4-11

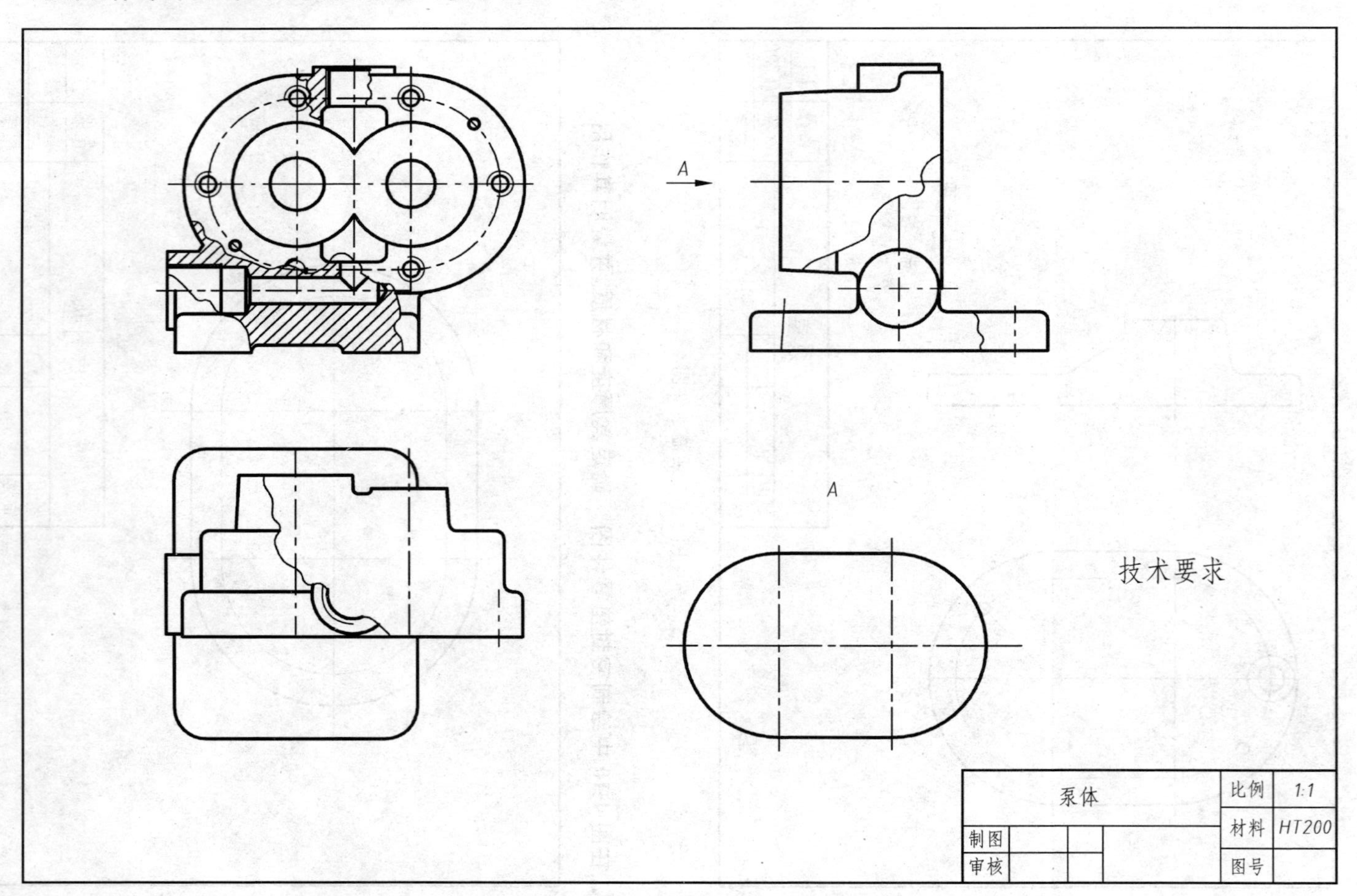

图 4-11　泵体零件图

11. 绘制装配图

根据装配示意图和所有零件草图画出部件的装配图，参考图 4-12。

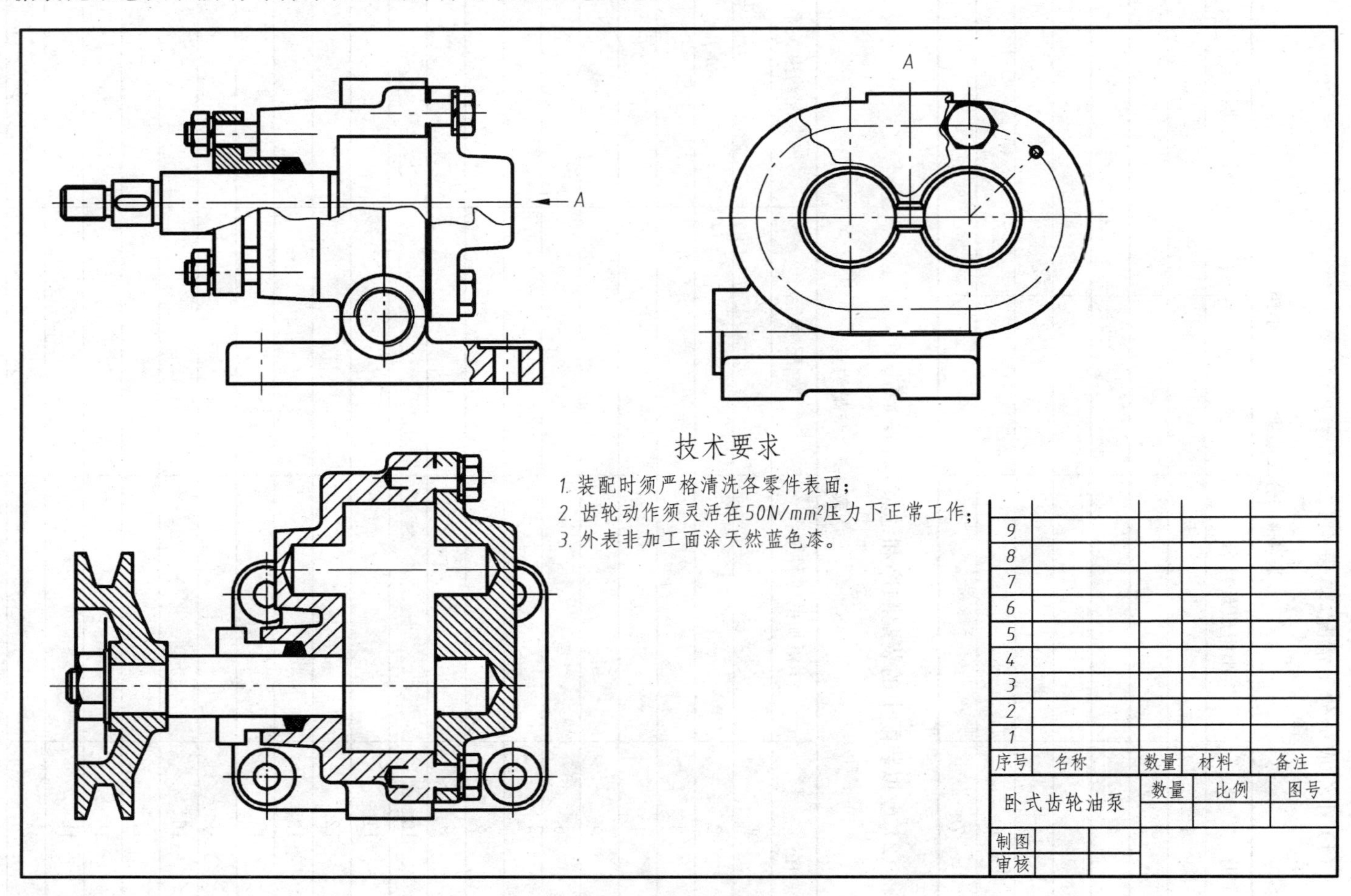

图 4-12　装配图

12. 零件建模与虚拟装配

(1) 小组成员分工情况,填表 4-4。

表 4-4　分工明细(第____小组)

序　号	小组成员姓名	学　号	承担的建模工作
1			
2			
3			
4			
5			
6			
7			

(2) 虚拟装配中的装配顺序和约束,填表 4-5。

表 4-5　装配约束

序　号	添加的零件	装 配 关 系	装配约束关系
1			
2			
3			
4			
5			
6			
7			
8			
9			
10			
11			
12			
13			
14			
15			
16			
17			
18			
19			
20			
21			
22			

4.2　K 型齿轮油泵

1. K 型齿轮油泵的工作原理

K 型齿轮油泵的工作原理是：动力由皮带轮输入，通过主动轴传递给主动齿轮。两齿轮的啮合转动将油从入口吸入泵体的进油腔，再由出口流出。在正常的工作压力下，与出油腔连同的泵盖上的孔被由弹簧挤压的钢球堵住；当油压过大时，钢球被顶开，出油腔内的油经过泵盖中的长孔结构回流到泵体的进油腔内，缓解油压。可见，K 型齿轮泵同时也起到安全阀的作用。

由皮带轮、主动轴、齿轮等一系列零件组成了 K 型齿轮油泵的主要装配干线，实现油泵泵油的主要功能；由钢球、弹簧、调节螺母等组成 K 型齿轮油泵的次要装配干线，实现其安全阀的功能。K 型齿轮泵的爆炸图如图 4-13 所示。

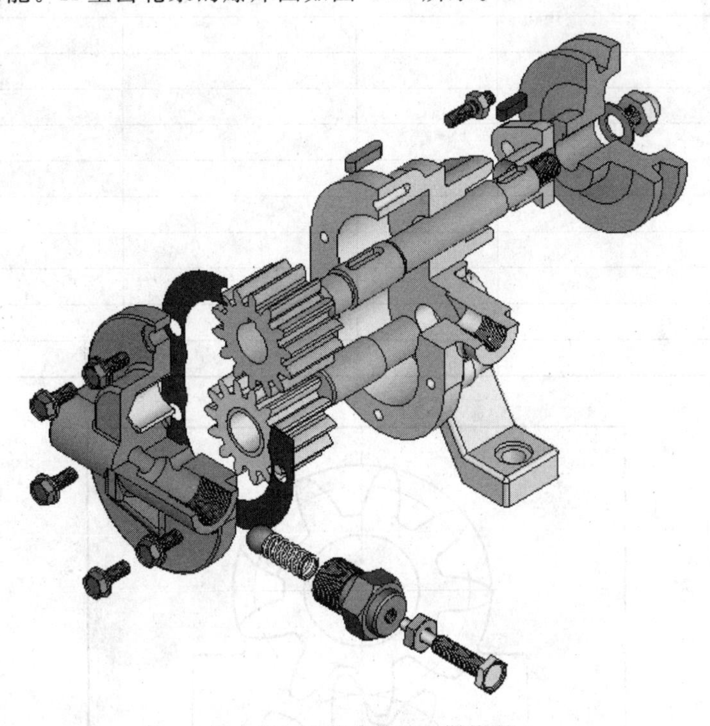

图 4-13　K 型齿轮油泵爆炸图

2. 绘制工作原理图、装配示意图和填写材料明细表

按装配干线，拆卸 K 型齿轮油泵装配体模型的零件，进一步认识零件、零件间的装配关系、作用等，并加深理解油泵的工作原理。根据图 4-13 所示的爆炸图，在表 4-6 中填写各零件名称，明确哪些零件为标准件，查表写出其国标。同时分别在图 4-14 和图 4-15 的基础上绘制工作原理图和装配示意图。

表 4-6 零件明细表

序 号	零件名称	数 量	材 质	备注(国标代号)
1				
2				
3				
4				
5				
6				
7				
8				
9				
10				
11				
12				
13				
14				
15				
16				
17				
18				
19				
20				
21				
22				

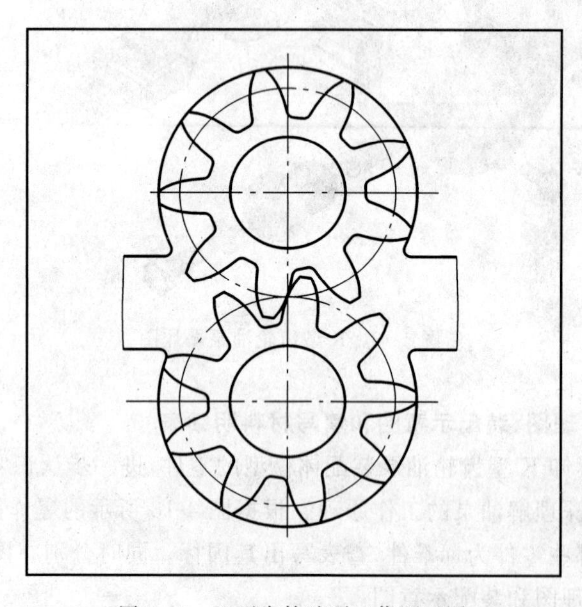

图 4-14 K 型齿轮油泵工作原理图

图 4-15　K 型齿轮油泵装配示意图

3. 完成主轴的零件图，在图 4-16 中画出必要的剖面图，标注尺寸并写明技术要求

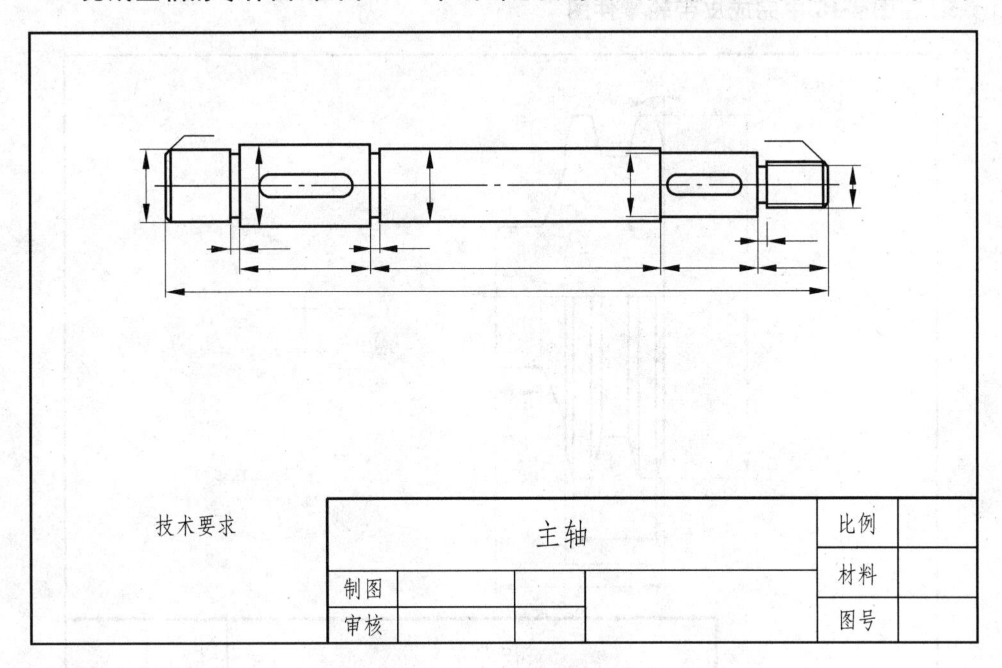

图 4-16　主轴零件图

4. 在图 4-17 中完成主动和从动齿轮的零件图,填写表 4-7

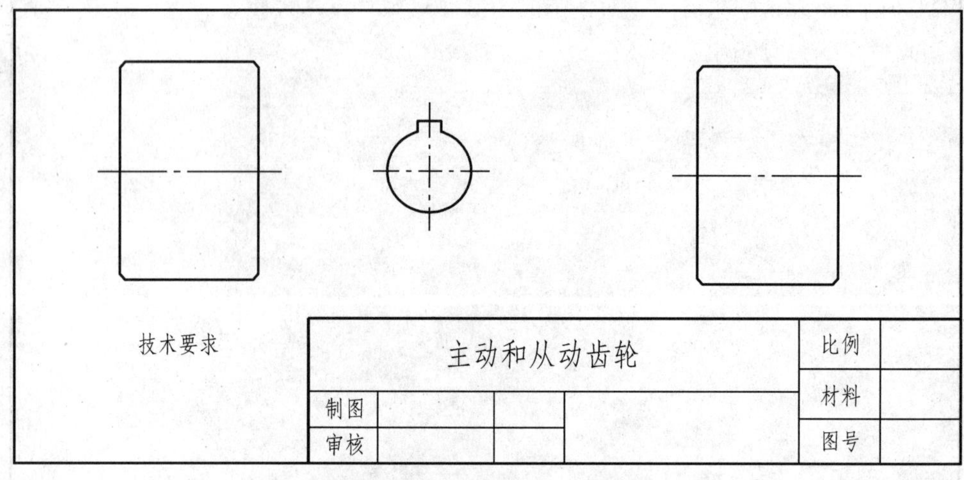

图 4-17　主动和从动齿轮零件图

表 4-7　齿轮参数

齿数 Z	齿顶圆直径 d_a	齿顶圆周长 L	齿轮厚度	计算模数 m 并圆整

5. 在图 4-18 中完成皮带轮零件图

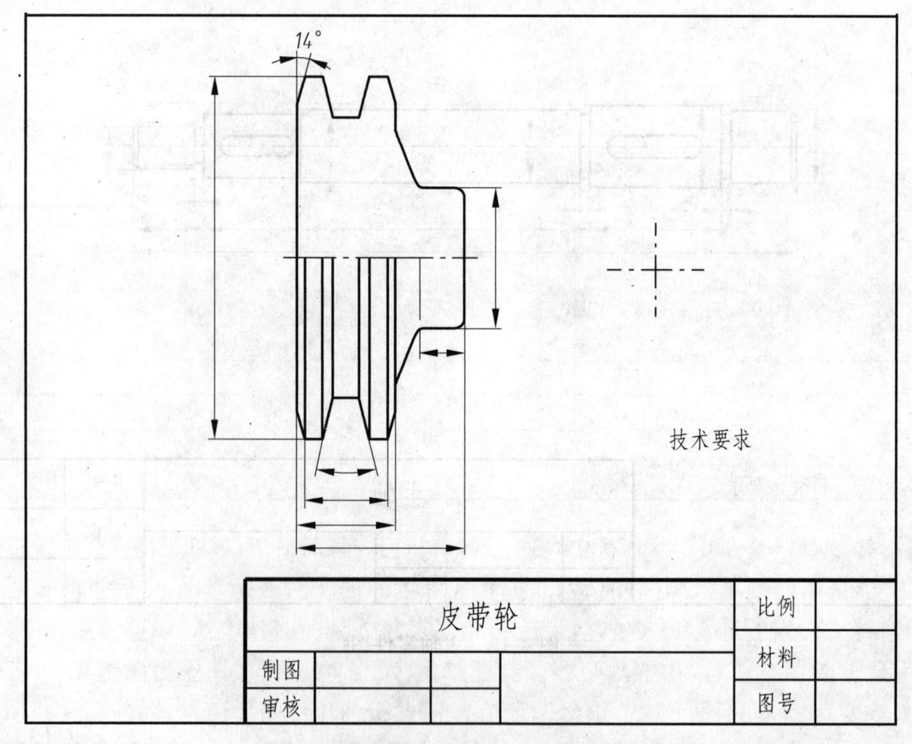

图 4-18　皮带轮零件图

6. 在图 4-19 中画出从动轴零件图

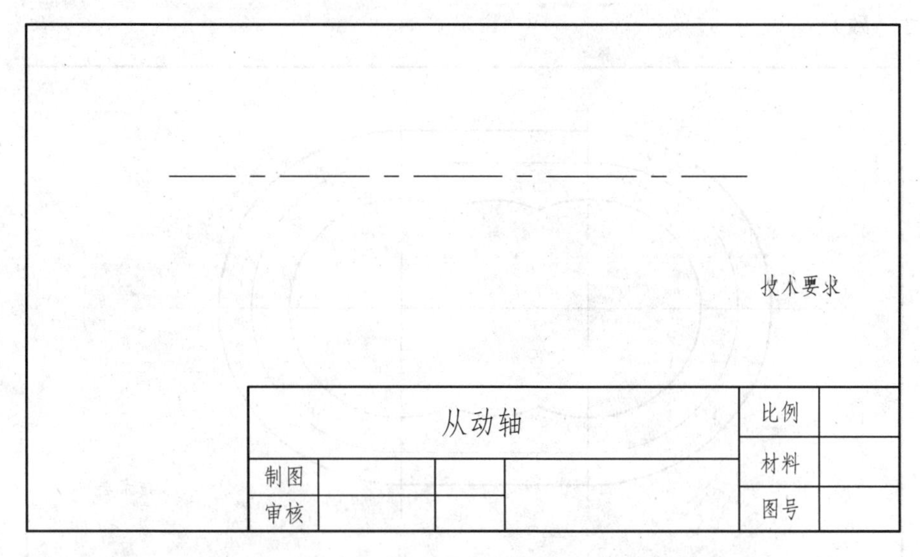

图 4-19　从动轴零件图

7. 在图 4-20 中画出填料压盖从动轴零件图

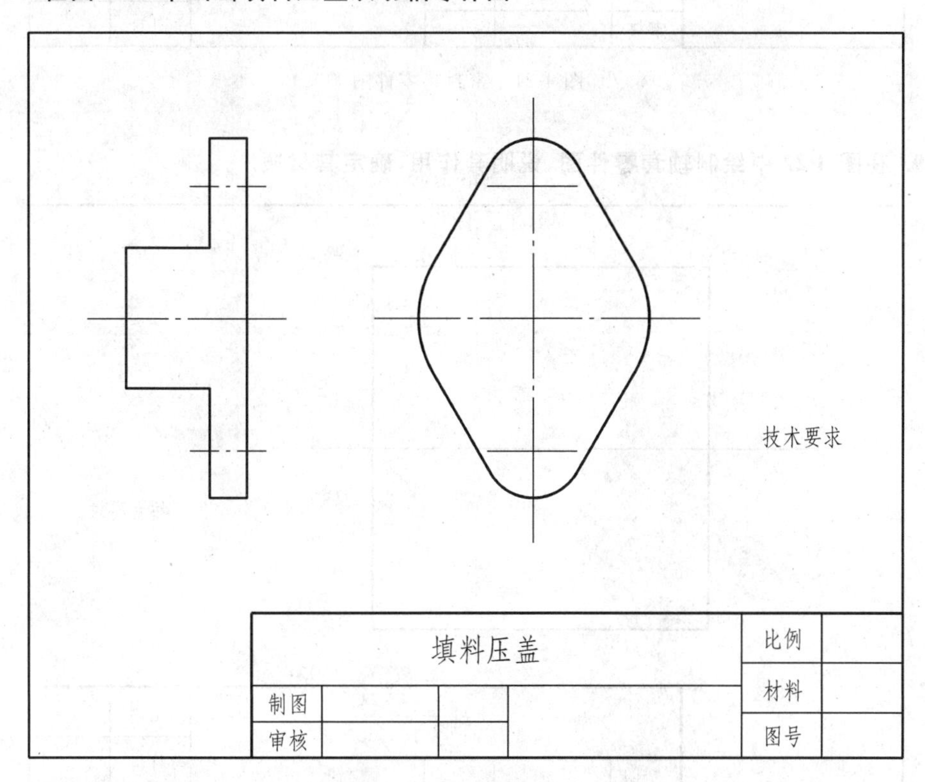

图 4-20　填料压盖零件图

8. 在图 4-21 中绘制密封垫零件图，确定其厚度和材质(其尺寸应与泵盖或泵体的某些尺寸一致)

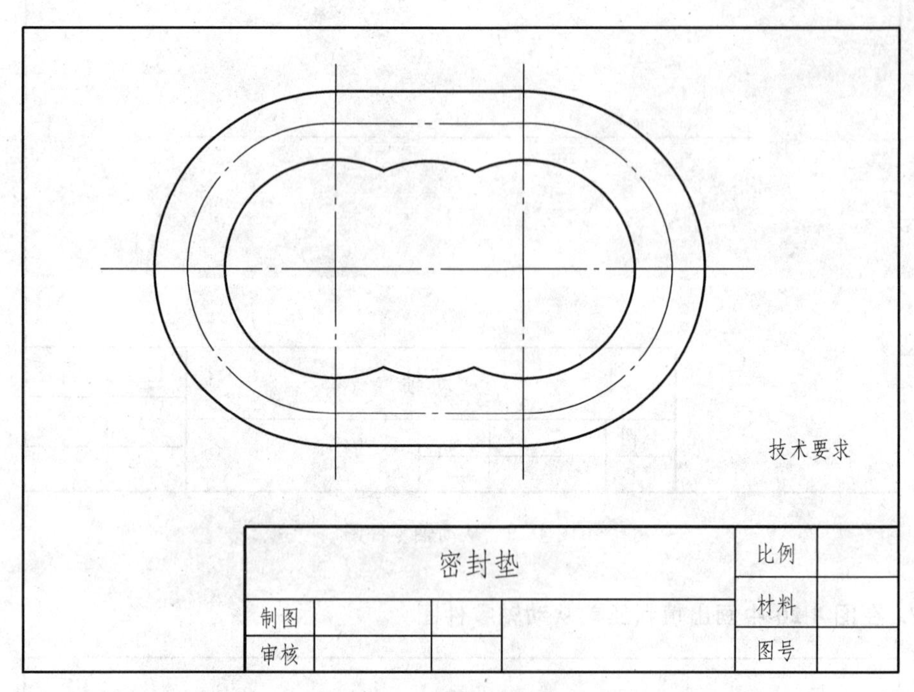

图 4-21　密封垫零件图

9. 在图 4-22 中绘制轴套零件图，说明其作用，确定其材质

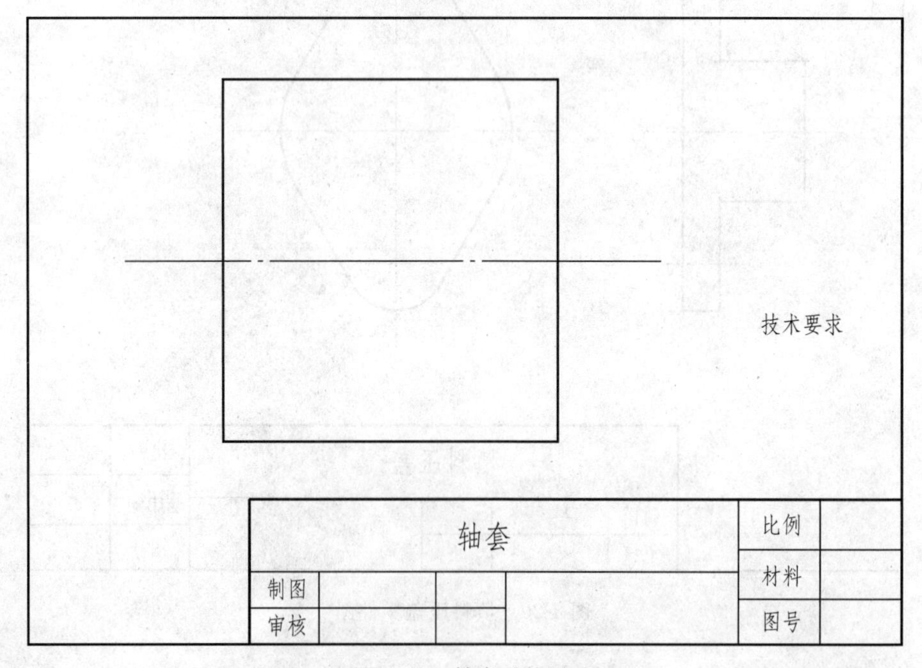

图 4-22　轴套零件图

10．在图4-23中绘制半剖的丝堵零件图

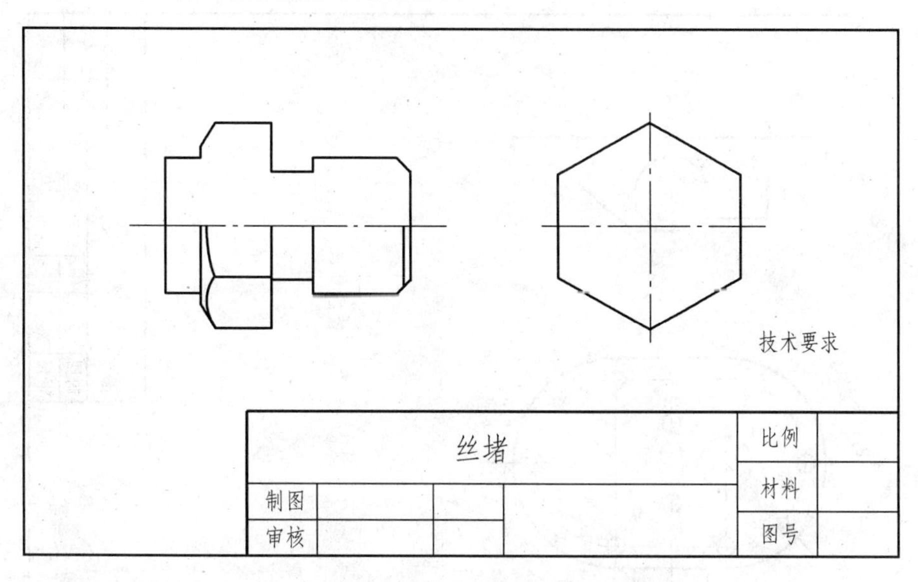

图4-23　丝堵零件图

11．在图4-24中绘制调整螺杆零件图

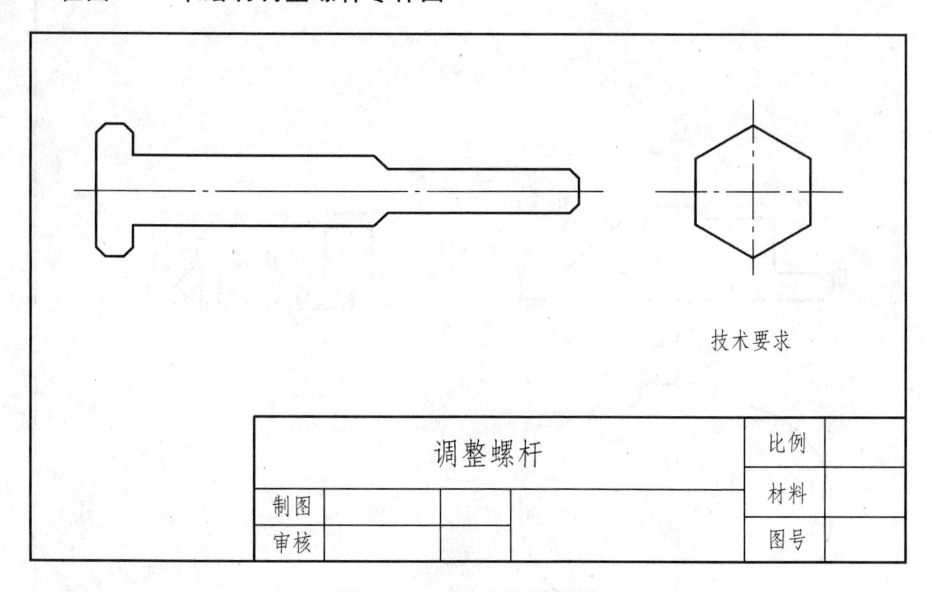

图4-24　调整螺杆零件图

12．绘制泵盖零件图(在草图纸上绘制)，参考图4-25

注意以下事项：①摆放位置和表达方案的确定；②过渡线和相贯线的画法；③肋板(也称作筋板)的简化画法；④尺寸标注的合理性；⑤铸造零件的技术要求；⑥表达方案不唯一。

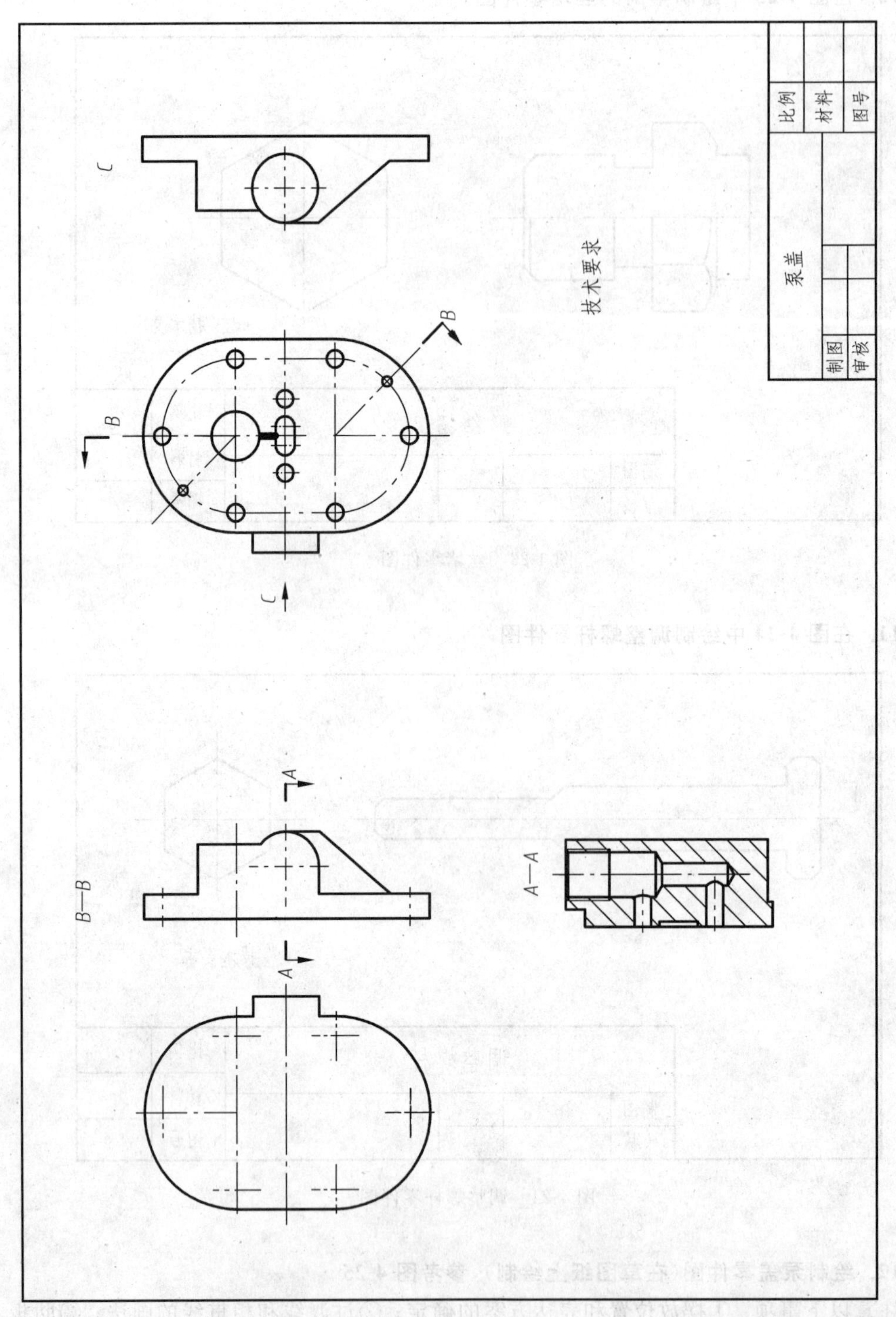

图 4-25 泵盖零件图

13. 绘制泵体零件图(在草图纸上绘制),参考图 4-26

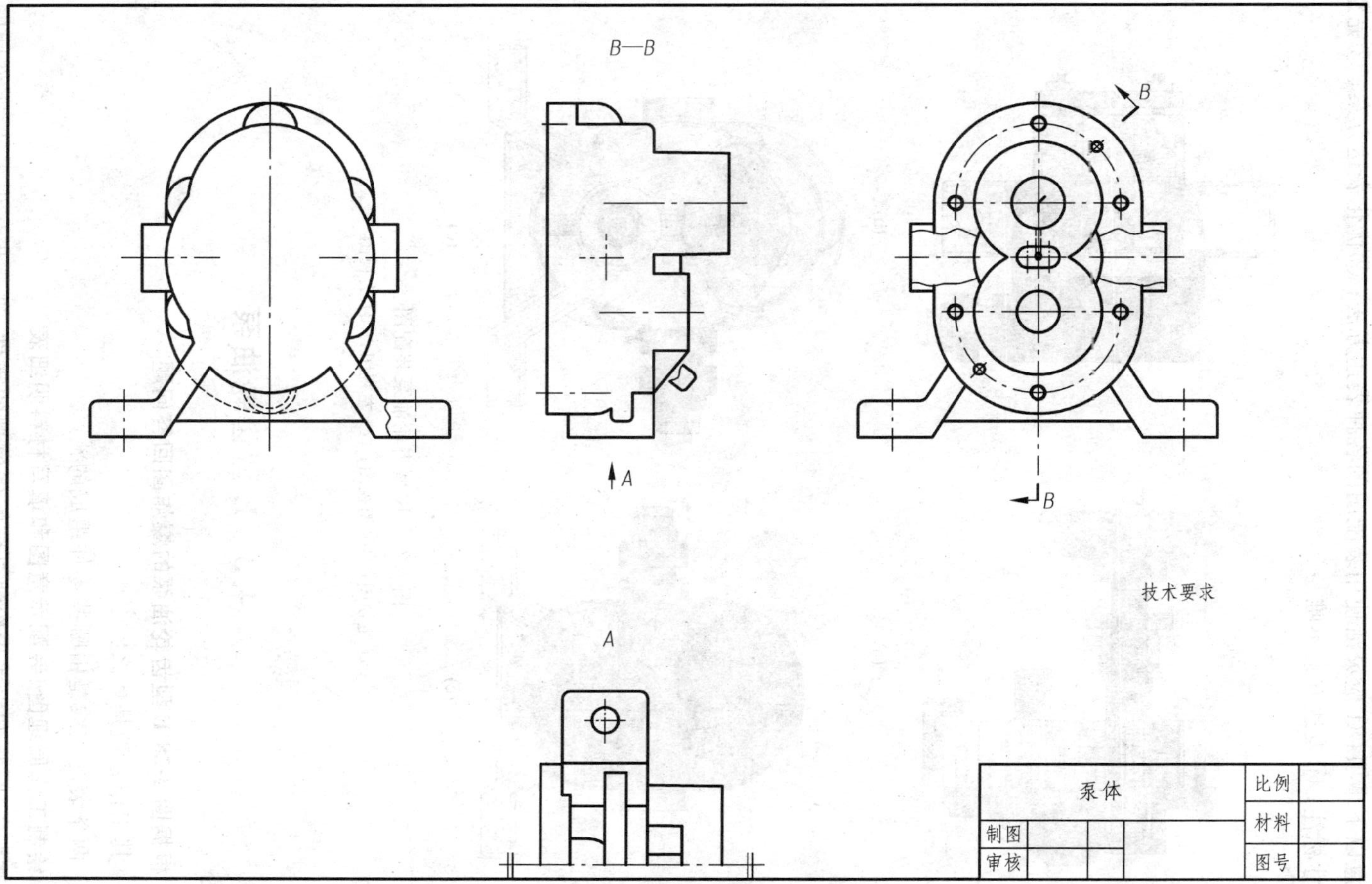

图 4-26　泵体零件图

14. 绘制 K 型齿轮油泵装配图(在草图纸上画),参考图 4-27

注意以下事项：①应灵活使用装配图的各种表达方法；②优化表达方案；③完整、合理的尺寸标注；④表达方案不唯一。

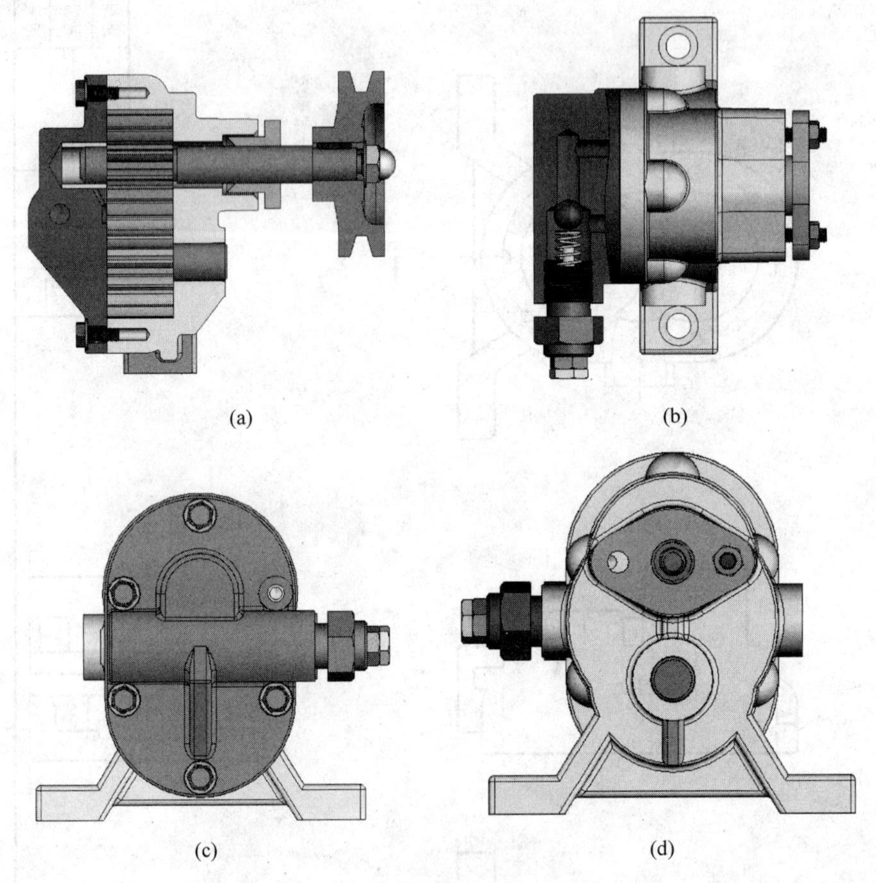

图 4-27　K 型齿轮油泵装配图

(a) 主视图；(b) 俯视图；(c) 左视图；(d) 右视图

4.3　E 型齿轮油泵

1. 根据图 4-28 E 型齿轮油泵的爆炸图回答问题

(1) 其工作原理是什么?

(2) 两条装配主线是由哪些零件组成的?

2. 绘制工作原理图、装配示意图和填写材料明细表

按装配干线,拆卸立式齿轮油泵装配体模型的零件,进一步认识零件、零件间的装配关系、作用等,并加深理解油泵的工作原理。根据图 4-28 所示的爆炸图,在表 4-8 中填写各零件名称,明确哪些零件为标准件,查表写出其国标。同时分别在图 4-29 和图 4-30 的基础上绘制工作原理图和装配示意图。

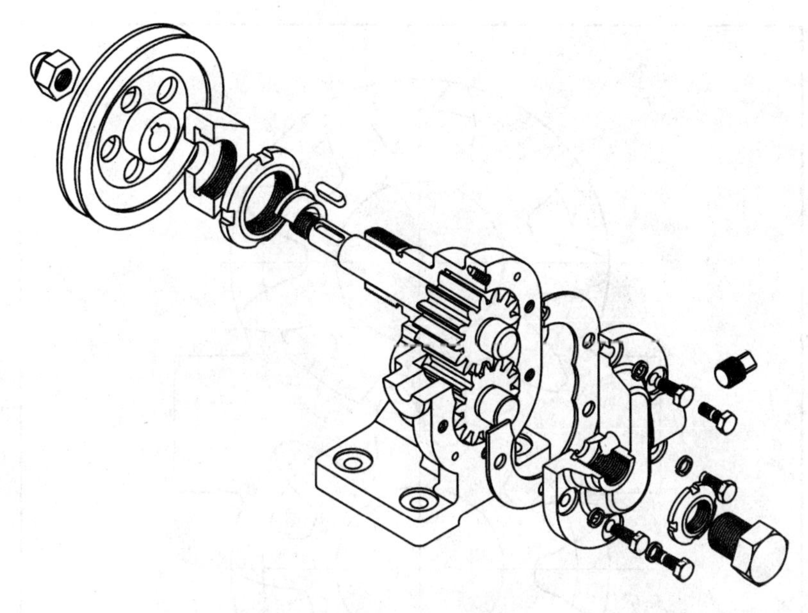

图 4-28 E型齿轮油泵爆炸图

表 4-8 零件明细表

序 号	零件名称	数 量	材 质	备注(国标代号)
1				
2				
3				
4				
5				
6				
7				
8				
9				
10				
11				
12				
13				
14				
15				
16				
17				
18				
19				
20				
21				
22				

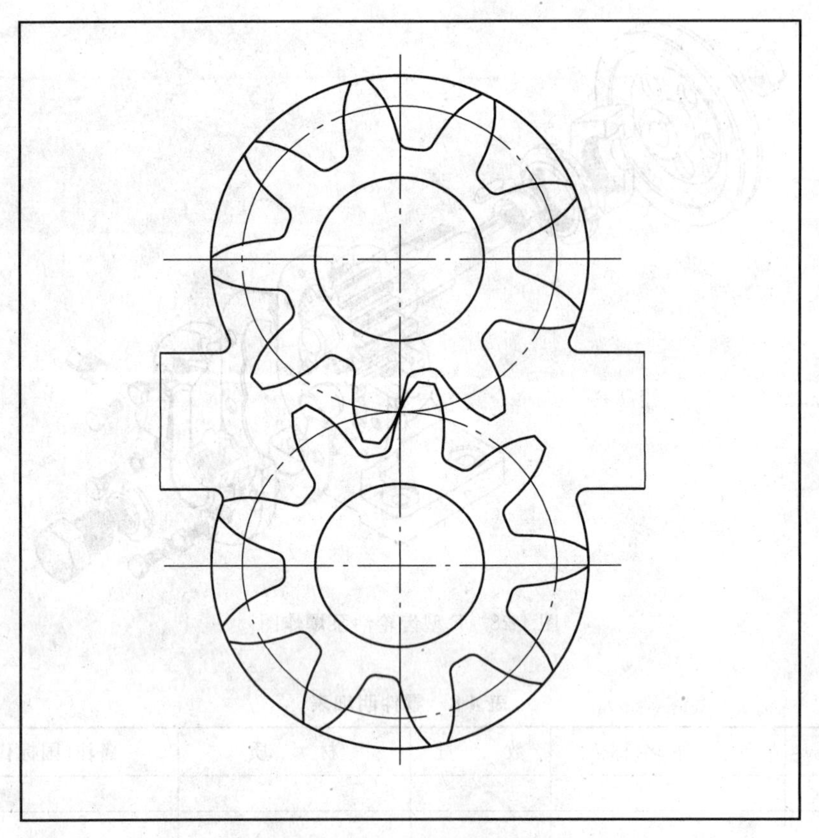

图 4-29 E型齿轮油泵工作原理图

图 4-30 E型齿轮油泵装配示意图

3. 在图 4-31 中完成主动齿轮轴的零件图，画出必要的断面图，标注尺寸并写明技术要求

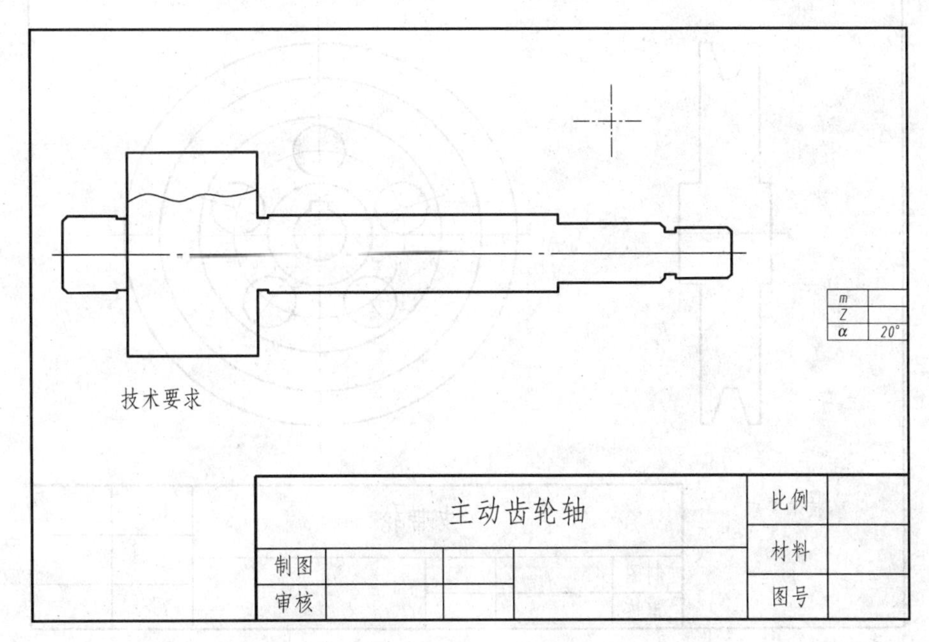

图 4-31　主动齿轮轴零件图

4. 在图 4-32 中完成从动齿轮轴的零件图

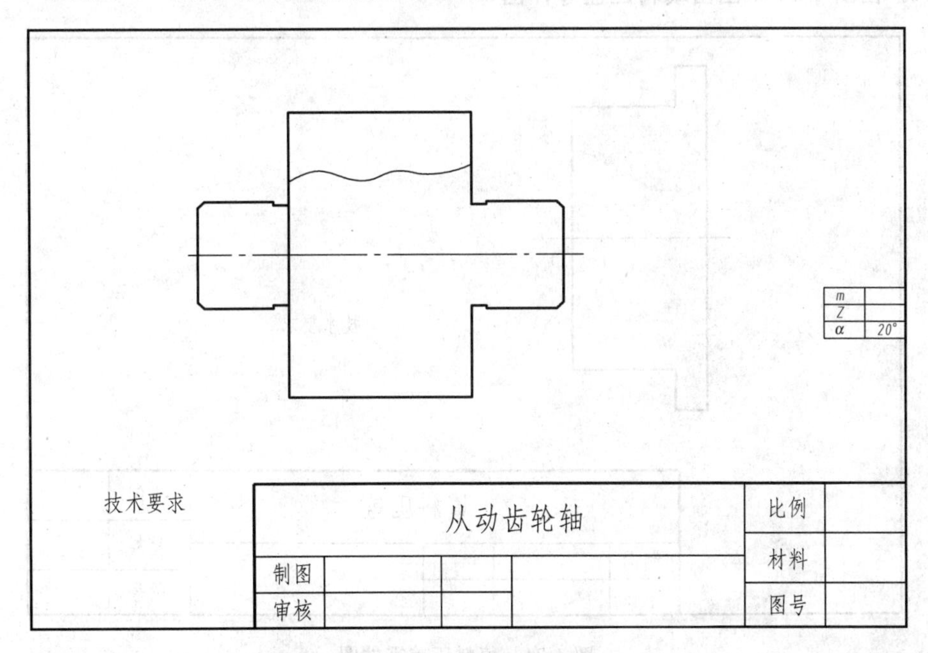

图 4-32　从动齿轮轴零件图

5. 在图 4-33 中完成皮带轮零件图

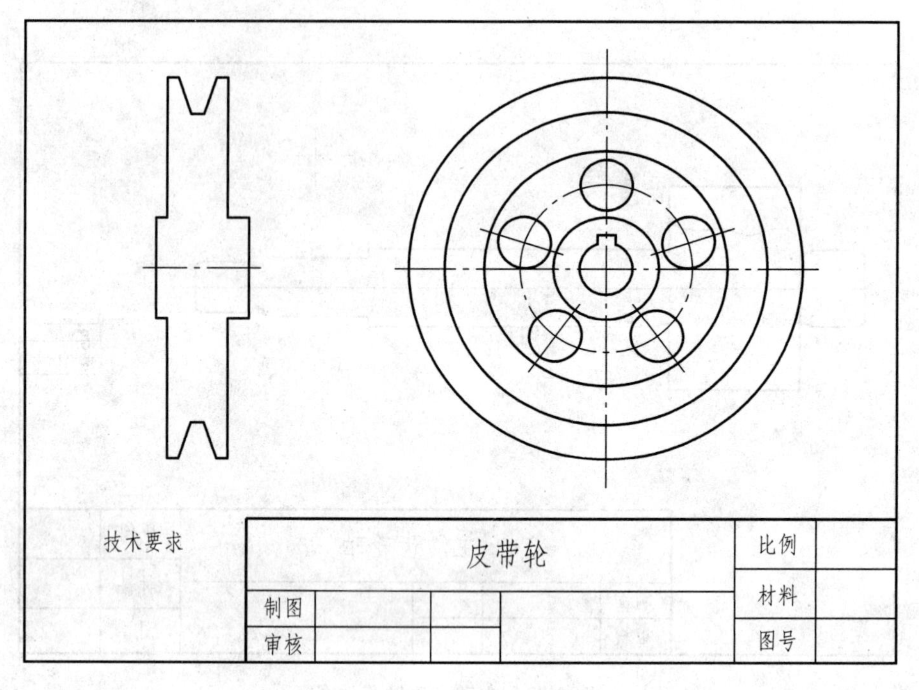

图 4-33　皮带轮零件图

6. 在图 4-34 中画出填料压盖零件图

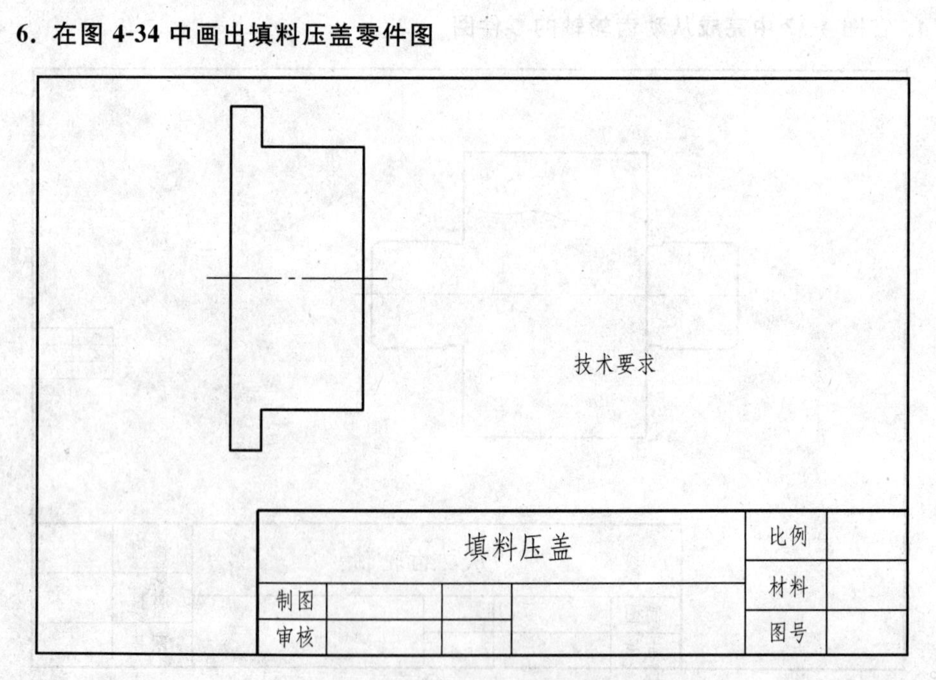

图 4-34　填料压盖零件图

7. 在图4-35中绘制密封垫零件图,确定其厚度和材质(其尺寸应与泵盖或泵体的某些尺寸一致)

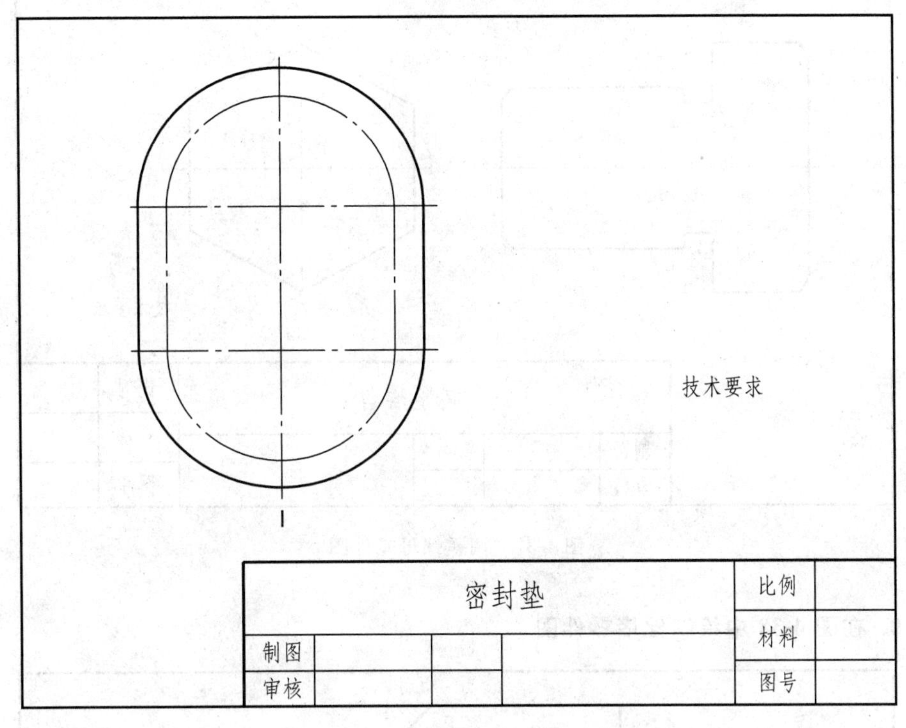

图 4-35 密封垫零件图

8. 在图4-36中绘制压盖螺母零件图(主视图半剖),说明其作用

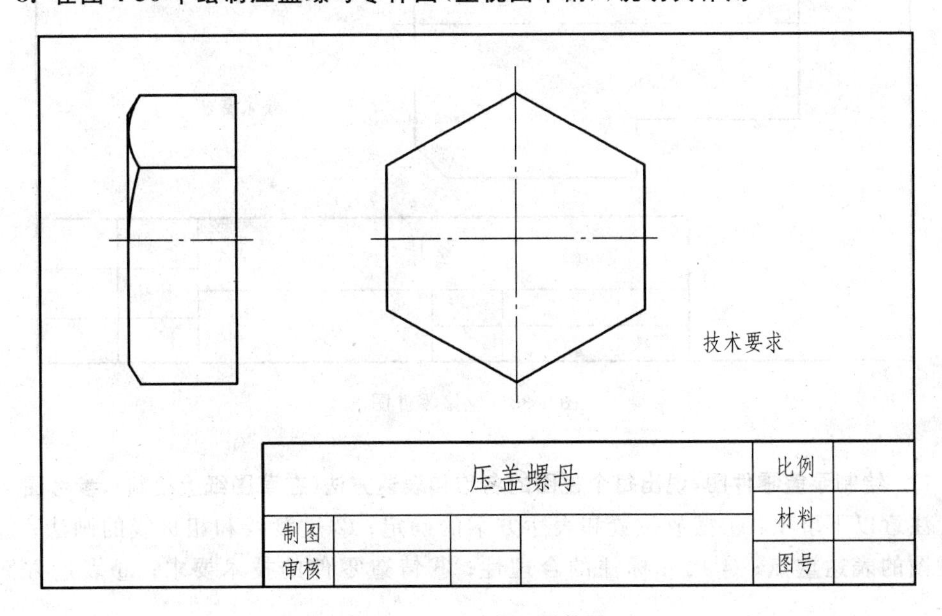

图 4-36 压盖螺母零件图

9. 在图 4-37 中绘制调整螺母零件图

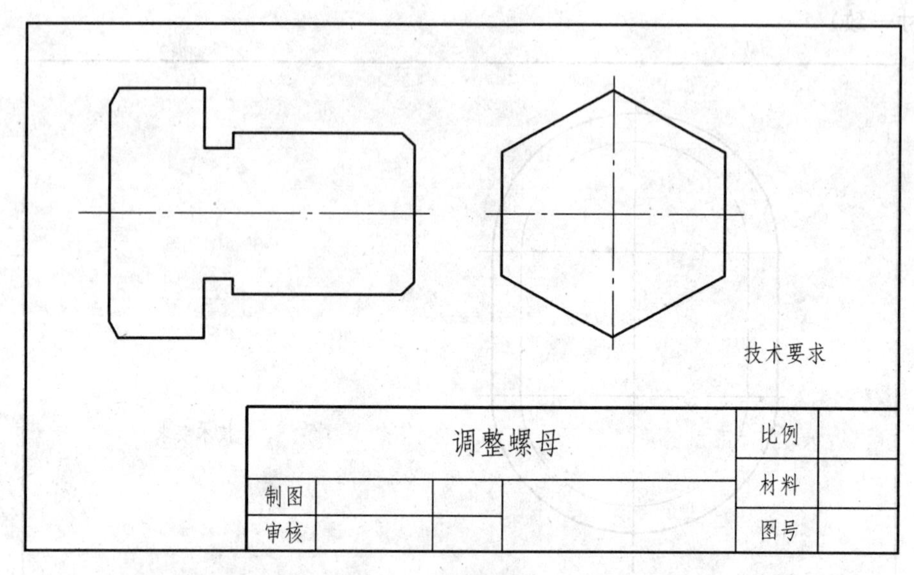

图 4-37　调整螺母零件图

10. 在图 4-38 中绘制丝堵零件图

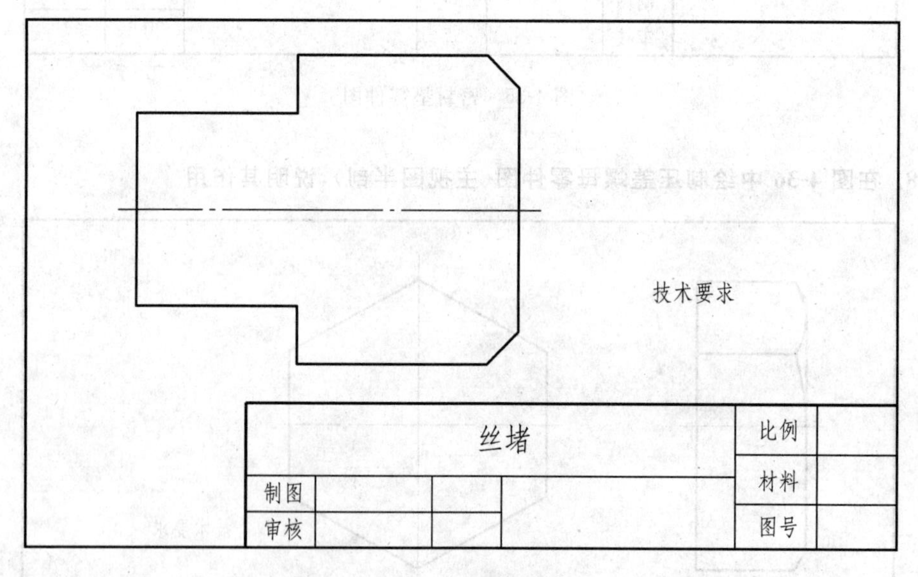

图 4-38　丝堵零件图

11. 绘制泵盖零件图，说出每个视图的名称和表达方法(在草图纸上绘制)，参考图 4-39

注意以下事项：①摆放位置和表达方案的确定；②过渡线和相贯线的画法；③每个视图的表达重点；④尺寸标注的合理性；⑤铸造零件的技术要求；⑥表达方案不唯一。

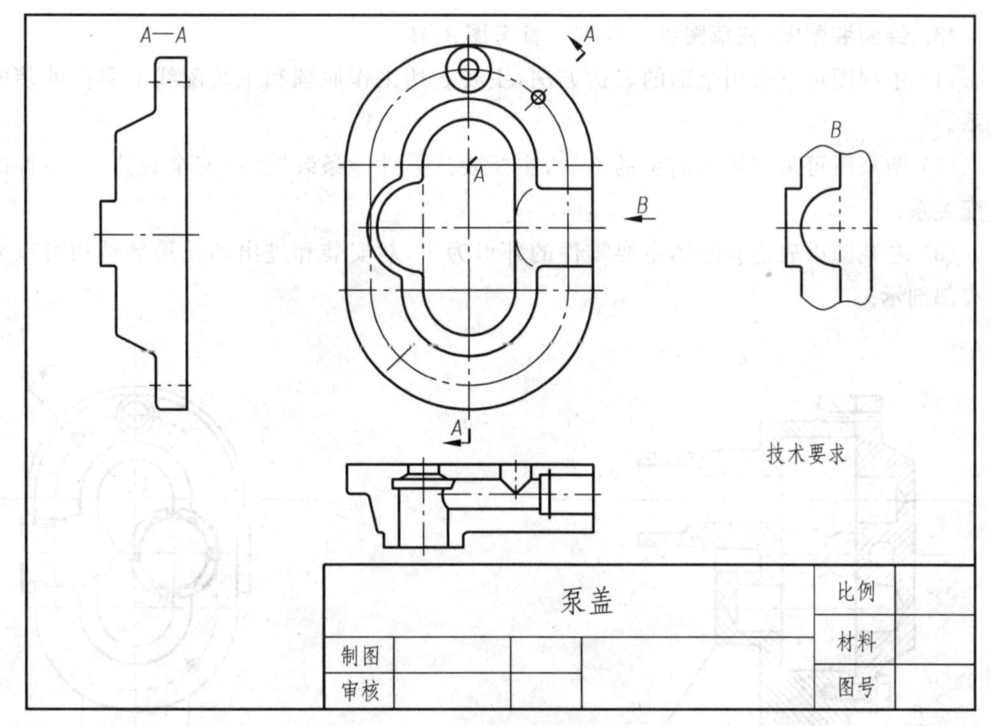

图4-39　泵盖零件图

12. 绘制泵体零件图(在草图纸上绘制),参考图4-40

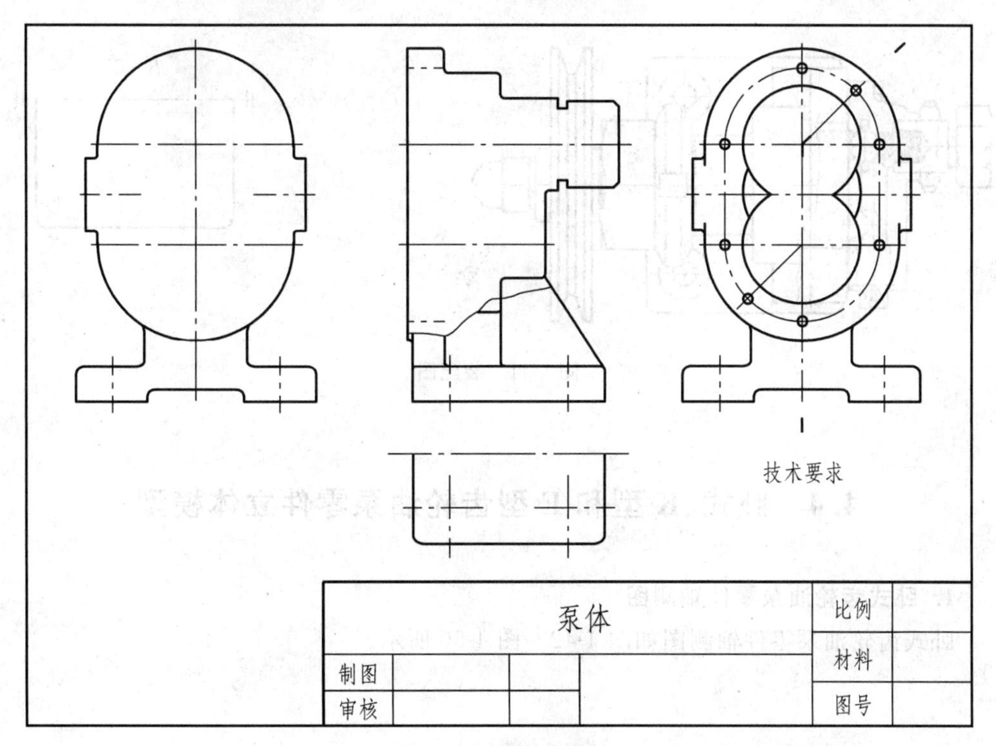

图4-40　泵体零件图

13. 绘制装配图(在草图纸上绘制),参考图 4-41

(1) 主视图可以采用全剖的表达方法,主要表达工作原理和主装配线上零件的装配关系。

(2) 俯视图可采用局部剖示的方法,主要表达另外一条装配线(安全装置)上零件的装配关系。

(3) 左视图以表达装配体主要零件的外形为主,对安装和进出油孔局部结构可以采用局部剖示。

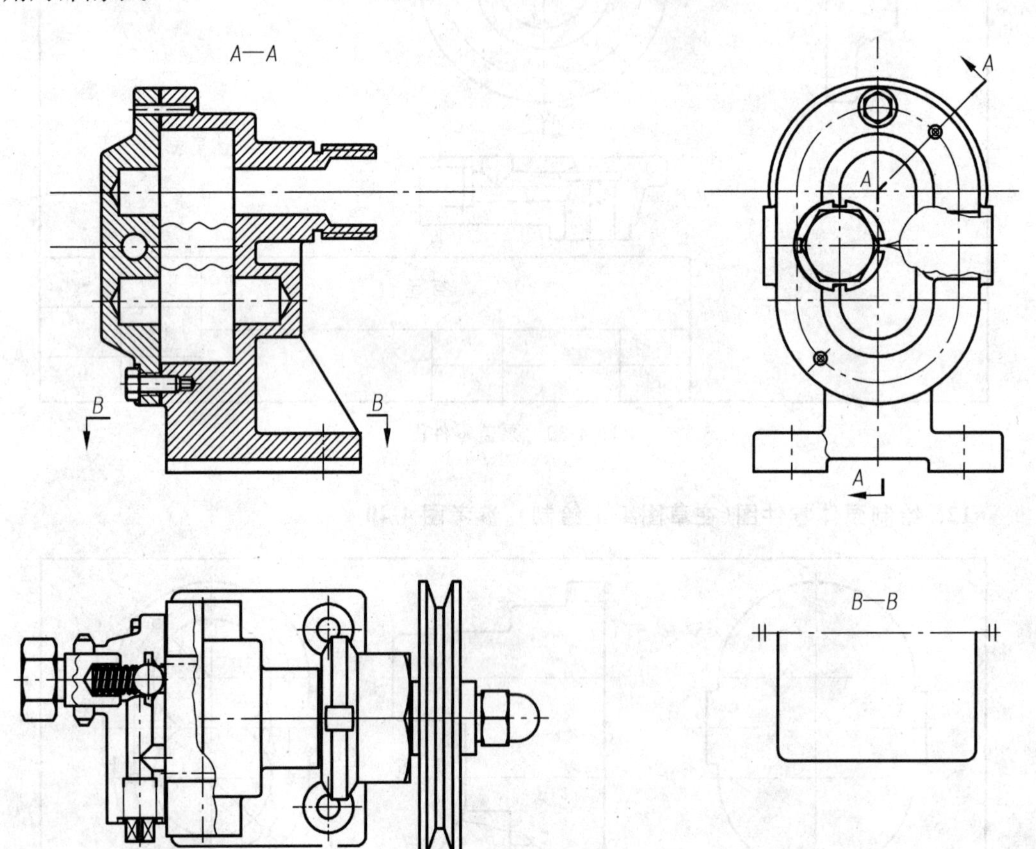

图 4-41　装配图

4.4　卧式、K 型和 E 型齿轮油泵零件立体模型

1. 卧式齿轮油泵零件轴测图

卧式齿轮油泵零件轴测图如图 4-42～图 4-50 所示。

图 4-42　泵体

图 4-43　泵盖

图 4-44　皮带轮

图 4-45　主动齿轮轴

图 4-46　齿轮

图 4-47　花螺母

图 4-48　填料压盖

图 4-49　螺栓与螺柱

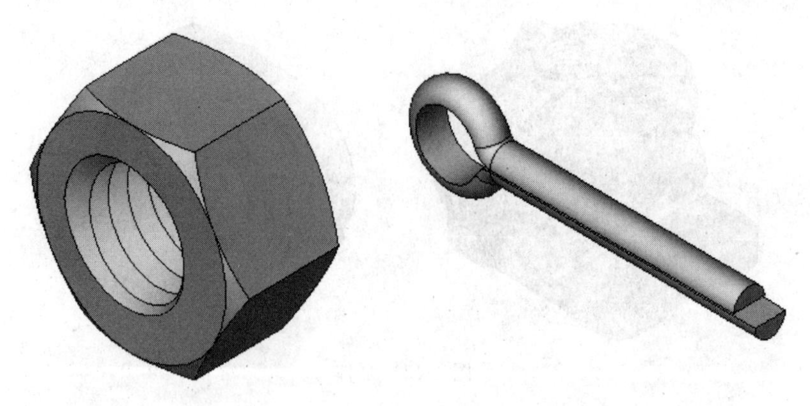

图 4-50　螺母与开口销

2. K 型齿轮油泵零件轴测图

K 型齿轮油泵零件轴测图如图 4-51～图 4-58 所示。

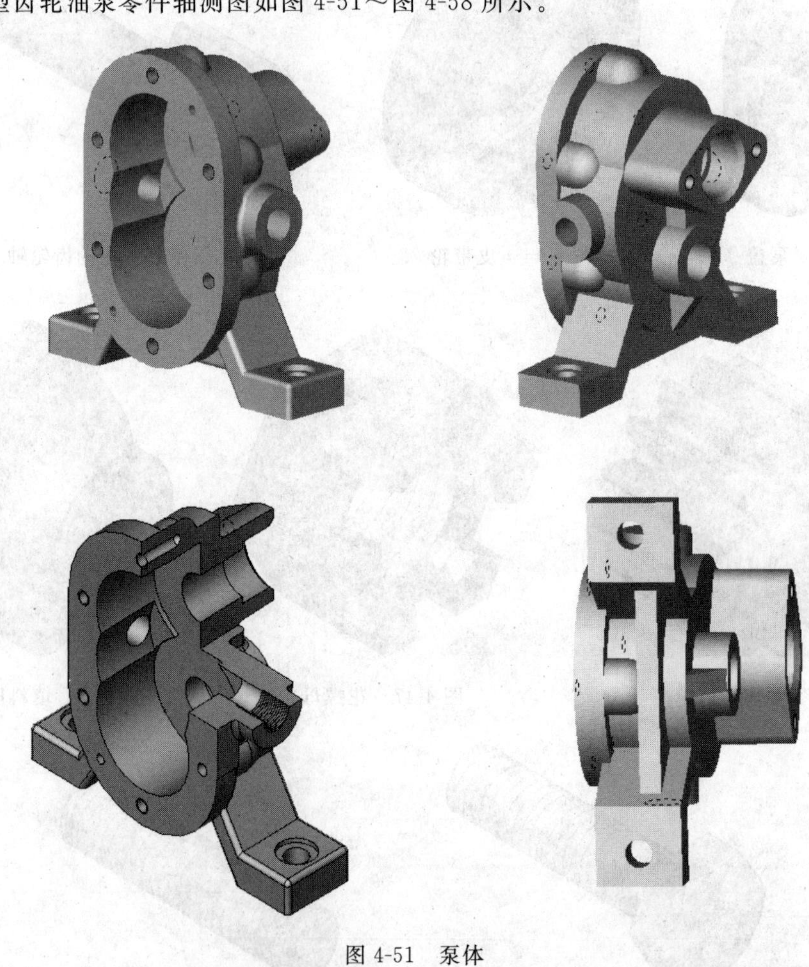

图 4-51　泵体

图 4-52　泵盖　　图 4-53　皮带轮

图 4-54　主动轴　　图 4-55　丝堵

图 4-56　圆头螺母　　图 4-57　调整螺杆　　图 4-58　弹簧

3. E 型齿轮油泵零件轴测图

E 型齿轮油泵零件轴测图如图 4-59～图 4-64 所示。

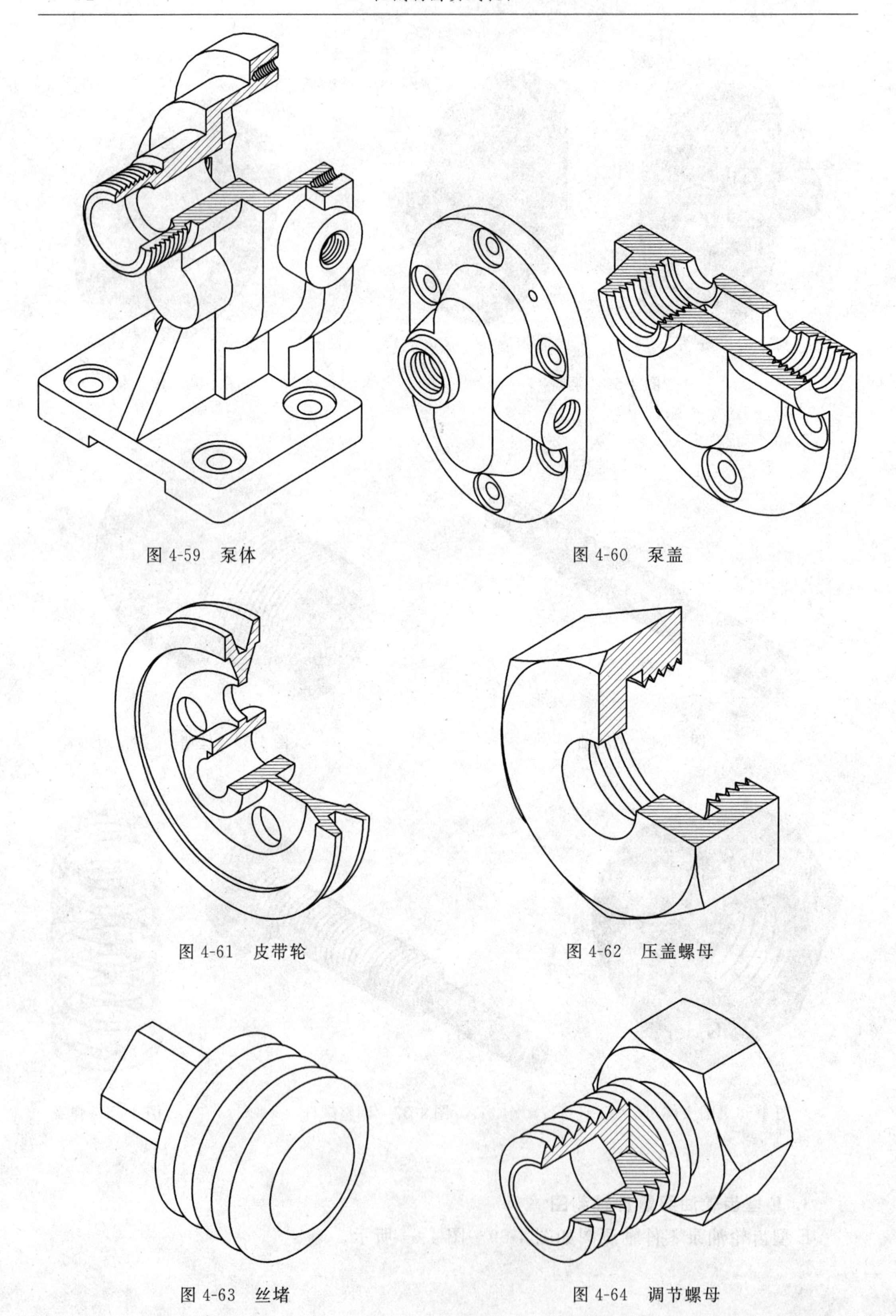

图 4-59 泵体

图 4-60 泵盖

图 4-61 皮带轮

图 4-62 压盖螺母

图 4-63 丝堵

图 4-64 调节螺母

第5章　计算机绘图

计算机绘图是学生必须掌握的基本技能，本章主要介绍使用二维绘图软件(AutoCAD)和三维绘图软件(Solidworks)绘制二维图形和三维建模的基本方法和步骤。熟练掌握计算机绘图的重要途径在于大量的上机实践，只有通过实际操作，才能理解和掌握每一个命令，从而达到熟能生巧的目的。

5.1　二维图形绘制

就机械制图的内容而言，二维图形主要包括零件图和装配图，下面通过实例介绍使用AutoCAD软件绘制零件图的基本方法和步骤。

【例5-1】　完成图5-1所示的齿轮零件图。

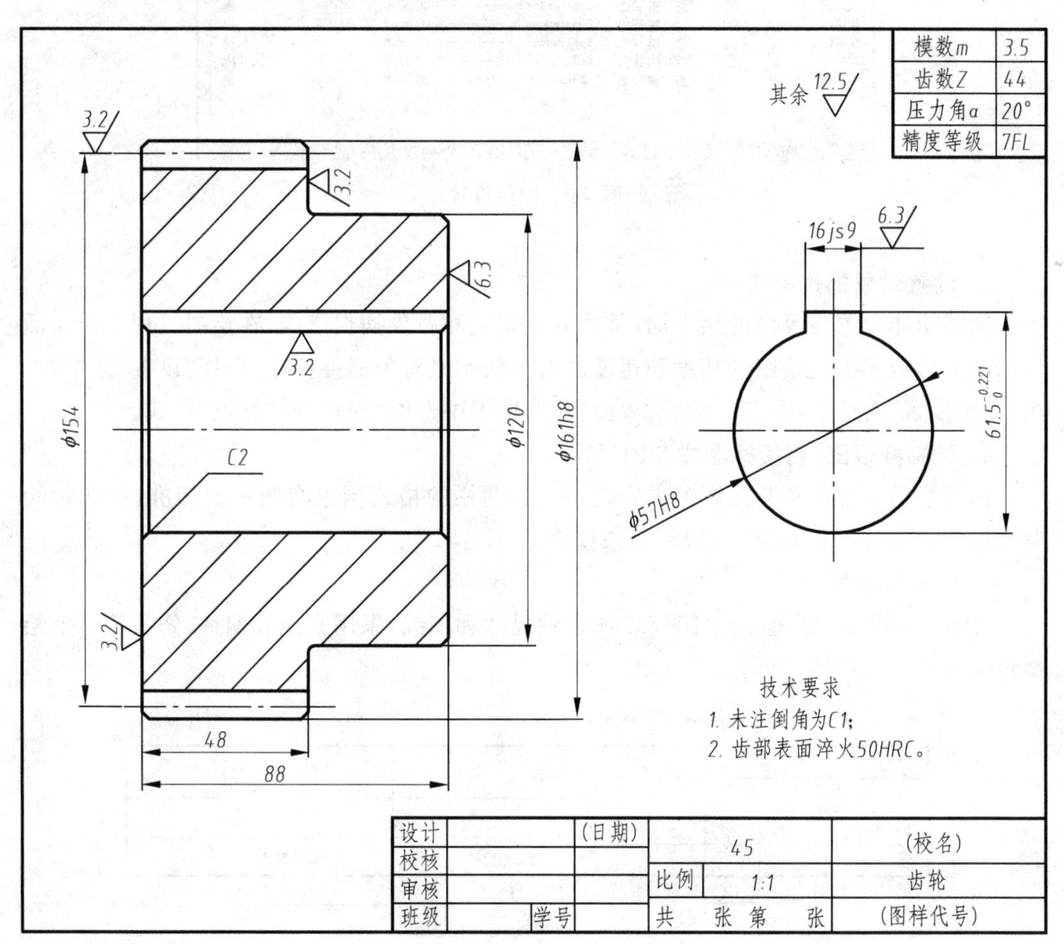

图5-1　齿轮零件图

1. 设置图形界线

按照该图所标注的尺寸，设置成 A3(420×297)大小的界线即可。

命令：**limits** ↲
重新设置模型空间界限：
指定左下角点或［开(ON)/关(OFF)］<0.0000,0.0000>：↲
指定右上角点 <420.0000,297.0000>：**420,297** ↲

执行 ZOOM→ALL 命令，显示整幅图形。

2. 图层设置

按照图 5-2 设置 5 个图层，每个图层对应一种颜色，所有开关处于打开状态，线宽可不用设置，打印时统一设置。

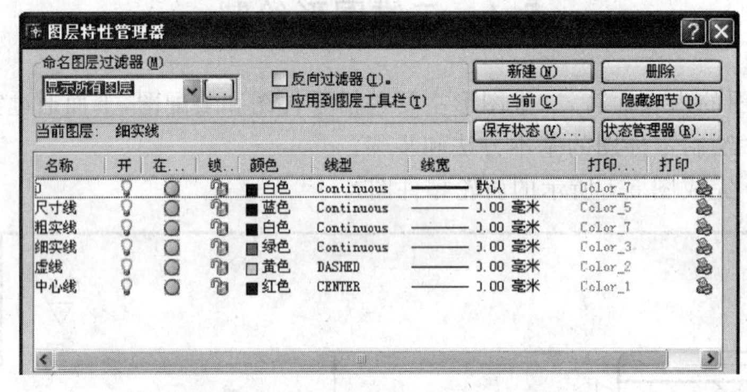

图 5-2　图层设置

3. 设置对象捕捉模式

辅助功能设置在界面的最下面，常用的有正交和对象捕捉模式，在绘图过程中应灵活使用辅助功能来提高绘图的精度和速度。右击状态栏对象捕捉按钮，选择“设置”菜单，弹出“草图设置”对话框，在其中的“对象捕捉”选项卡中选中“交点”和“端点”模式。

4. 绘制样板图(包括标题栏和图框)

标题栏是零件图和装配图的内容之一。标题栏的格式国家有统一的标准，标题栏绘制完成后输出 dwt 样板文件，以便将来使用。

1) 绘制样板图

绘制 A3 图幅和图框，按照图 5-3 所示的尺寸和图线，采用直线和偏移、修剪等命令绘制该标题栏。如图 5-4 所示。

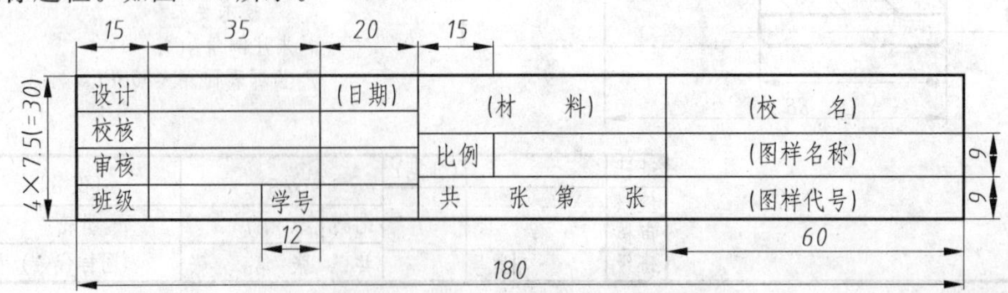

图 5-3　标题栏

2）创建样板文件

选择“文件”→“另存为”，文件名为 A3，保存类型选 dwt，至此，创建了 3 号图纸的样板图，如图 5-4 所示。

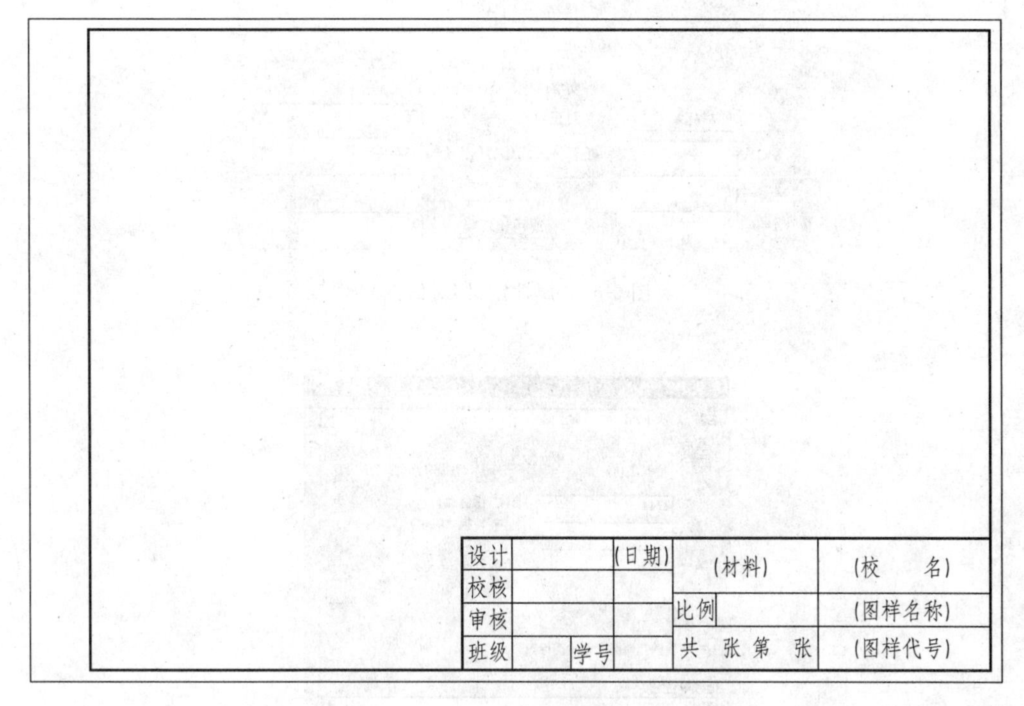

图 5-4　A3 样板图

5. 绘制表面粗糙度符号

技术要求除了包括文字描述的技术要求外，还有表面粗糙度等。标注表面粗糙度时一般情况下采用属性块比较方便。

1）绘制表面粗糙度符号

首先需要在屏幕上绘制出表面粗糙度符号。采用相对坐标绘制 3 条直线，组成粗糙度符号。具体尺寸见图 5-5，其中文字“1.6”为属性标签。

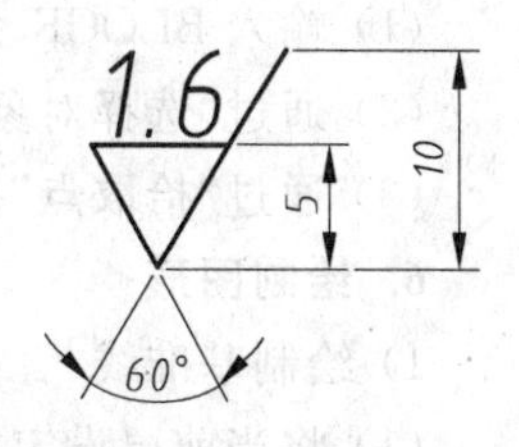

图 5-5　粗糙度符号

2）定义属性

对于不同的表面，其表面粗糙度 *Ra* 数值不相同，此时可以采用定义属性的方法来附加一标签在块上，插入时可以根据情况输入不同的属性值，产生不同的粗糙度数值，方便使用。

(1) 选择菜单“绘图”→“块”→“定义属性”，弹出图 5-6 所示的“属性定义”对话框，在对话框中作图示的设定；

(2) 单击“属性定义”对话框中的“拾取点”按钮，回到绘图屏幕，单击粗糙度符号左上角顶点偏上一点的位置(文本 1.6 的左下角)，退回“属性定义”对话框；

(3) 单击“确定”按钮，退出“属性定义”对话框，在屏幕上自动出现“1.6”的字样。

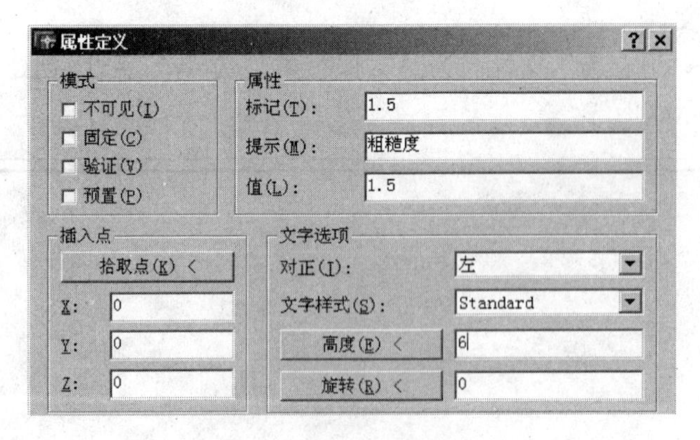

图 5-6　“属性定义”对话框

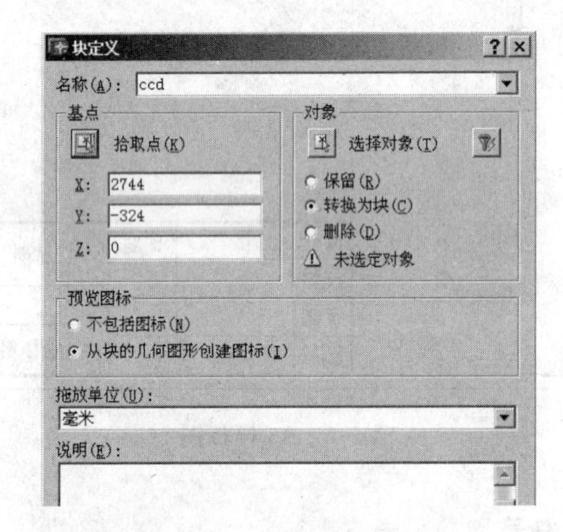

图 5-7　“块定义”对话框

3）定义块

(1) 输入 BLOCK 命令，弹出如图 5-7 所示的对话框，在名称栏输入“ccd”；

(2) 通过“选择对象”按钮，选择粗糙度符号和其上的属性作为块内容；

(3) 通过“拾取点”按钮，单击粗糙度符号的最下方顶点作为插入基点。

6. 绘制图形

1）绘制基准线

(1) 将当前层设定为中心线层；

(2) 打开正交模式；

(3) 通过直线命令绘制两条相交的中心线，如图 5-8 所示。

2）绘制左视图

(1) 单击“绘图”工具条中的“圆”按钮：

命令：**circle** ↵

指定圆的圆心或［三点(3P)/两点(2P)/相切、相切、半径(T)］：(**单击直线的交点**)

指定圆的半径或［直径(D)］：**28.5** ↵

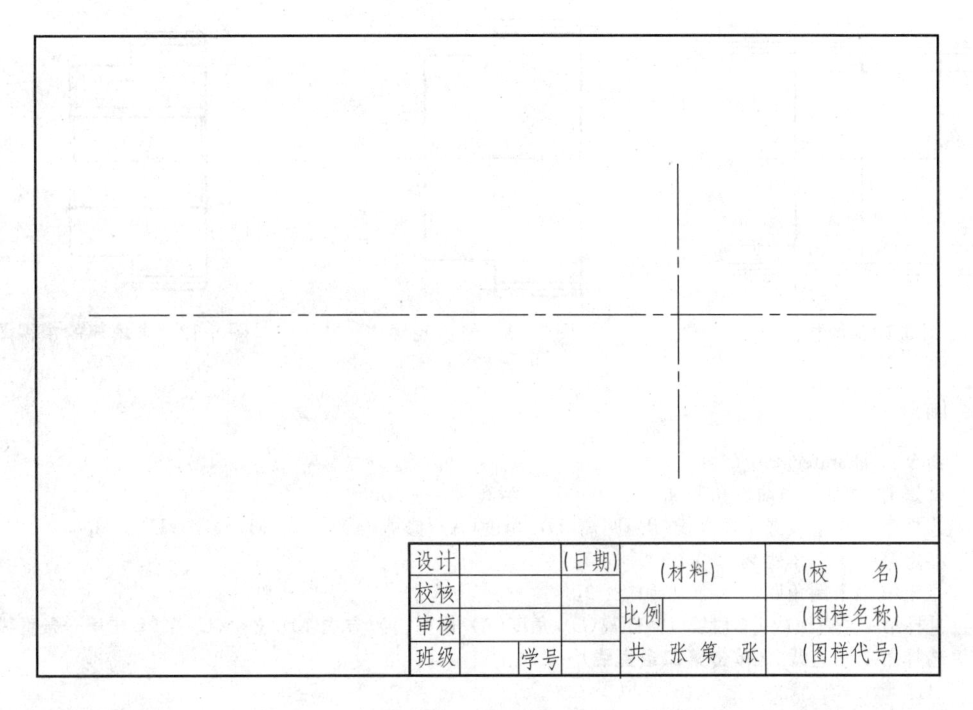

图 5-8　绘制中心线

(2) 偏移键槽轮廓线。

选择“修改”、“偏移”菜单：

命令：**_offset** ↵
指定偏移距离或［通过(T)］<通过>：**8** ↵
选择要偏移的对象或 <退出>：**(单击竖直中心线)**
指定点以确定偏移所在一侧：**(单击竖直中心线左侧任意一点)**
选择要偏移的对象或 <退出>：**(单击竖直中心线)**
指定点以确定偏移所在一侧：**(单击竖直中心线右侧任意一点)**
选择要偏移的对象或 <退出>：↵

重复上述过程，偏移水平中心线，完成键槽结构，使用“打断”和“修剪”命令将中心线断开，修剪多余线条，完成左视图，如图 5-9 所示。

3) 绘制主视图

主视图的水平中心线在绘制左视图时已经绘制。将中心线向上分别偏移 80.5、77、72.625、60 得到齿顶线、分度线、齿根线和凸台，在左侧的适当位置绘制一条竖直线，将此线向右分别偏移 48 和 88，如图 5-10 所示，修剪、换层后如图 5-11 所示。重复上述过程，绘制轴孔和键槽结构，选择“修改”、“倒角”和“圆角”菜单，倒角命令操作过程如下，结果如图 5-12 所示。

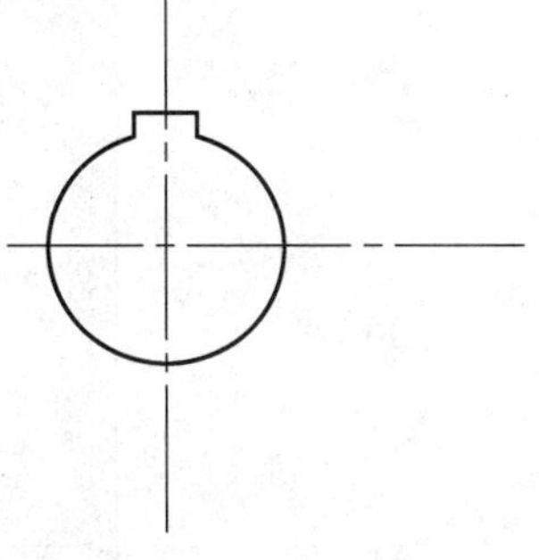

图 5-9　左视图

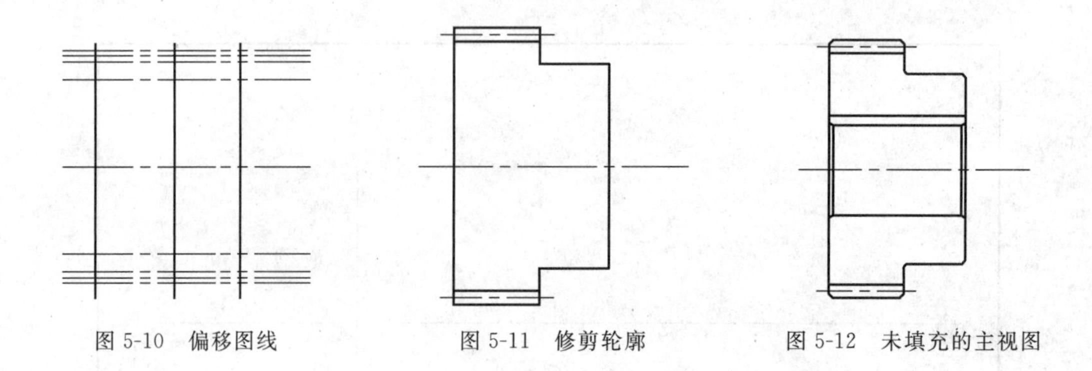

图 5-10　偏移图线　　图 5-11　修剪轮廓　　图 5-12　未填充的主视图

倒角：

命令：**_chamfer**↙
（“修剪”模式）当前倒角距离 1 ＝ 0.0000，距离 2 ＝ 0.0000
选择第一条直线或［多段线(P)/距离(D)/角度(A)/修剪(T)/方式(M)/多个(U)］：**d**↙
指定第一个倒角距离 ＜0.0000＞：**2**↙
指定第二个倒角距离 ＜2.0000＞：**2**↙
选择第一条直线或［多段线(P)/距离(D)/角度(A)/修剪(T)/方式(M)/多个(U)］：**(单击第一条直线)**
选择第二条直线：**(单击第二条直线)**

倒圆角：

命令：**_fillet**↙
当前设置：模式 ＝ 修剪，半径 ＝ 0.0000
选择第一个对象或［多段线(P)/半径(R)/修剪(T)/多个(U)］：**r**↙
指定圆角半径 ＜0.0000＞：**2**↙
选择第一个对象或［多段线(P)/半径(R)/修剪(T)/多个(U)］：**(单击第一条直线)**
选择第二个对象：**(单击第二条直线)**

4) 图案填充

(1) 设置当前层为“细实线”层；

(2) 选择“绘图”工具条中的“图案填充”，弹出“图案填充编辑”对话框，如图 5-13 所示；

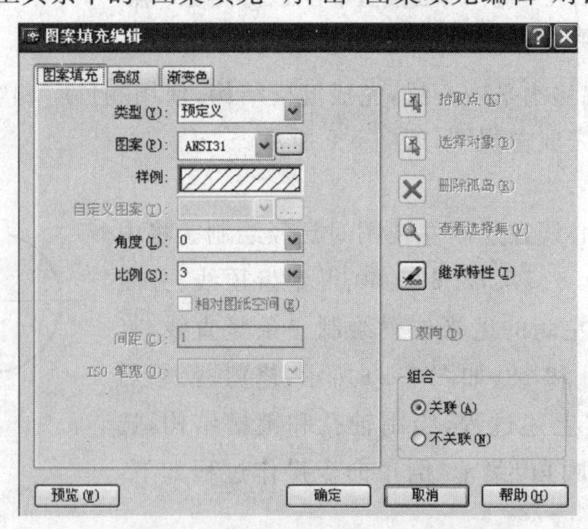

图 5-13　“图案填充编辑”对话框

(3) 单击“图案”文本框后的向下小箭头，在弹出的列表中选择 ANSI31；

(4) 在“比例”文本框中输入 3；

(5) 单击“拾取点”按钮，在需要绘制剖面线的范围内单击；

(6) 退回“图案填充编辑”对话框，单击“确定”即可，结果如图 5-14 所示。

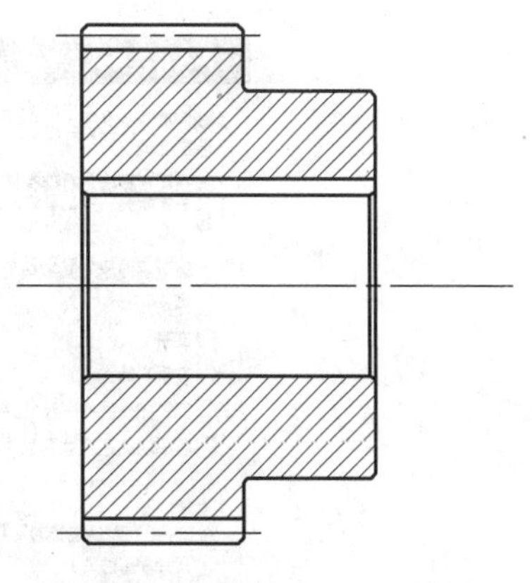

图 5-14　图案填充后的主视图

5) 尺寸标注

选择菜单“标注”→“样式”，弹出“尺寸样式管理器”对话框，单击“修改”按钮，按照图 5-15～图 5-18 分别设置好“直线和箭头”、“文字”、“调整”、“主单位”4 个选项卡中的相关内容。

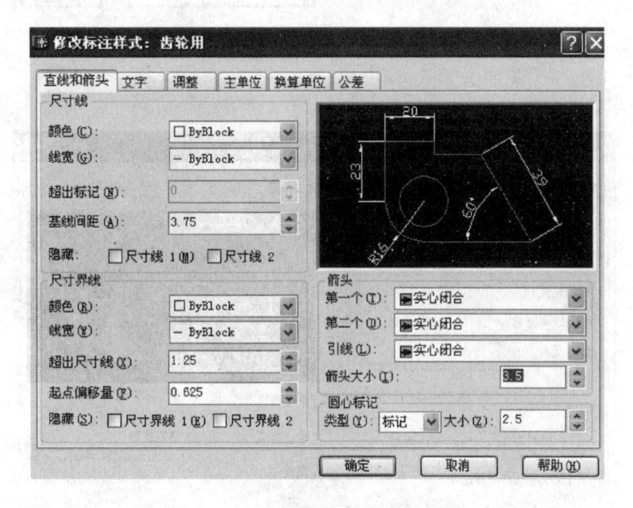

图 5-15　“直线和箭头”选项卡

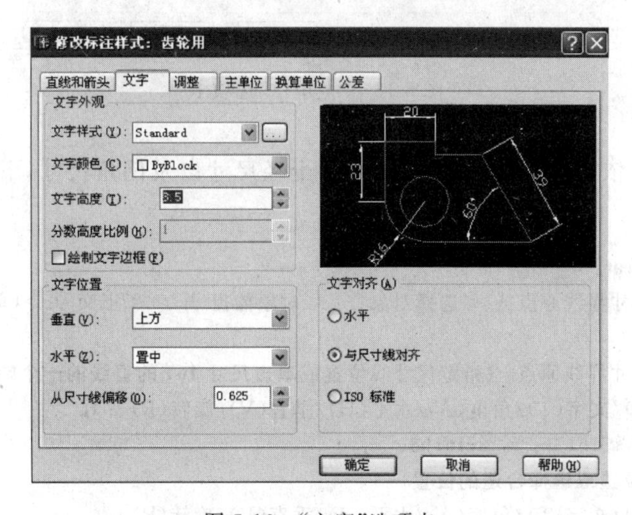

图 5-16　“文字”选项卡

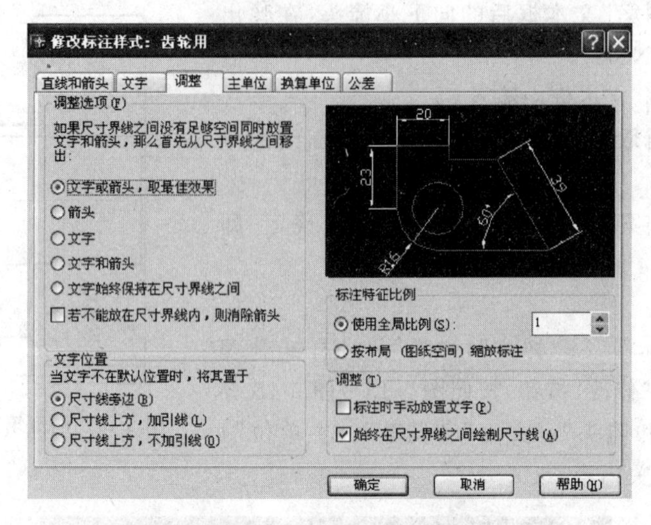

图 5-17　“调整”选项卡

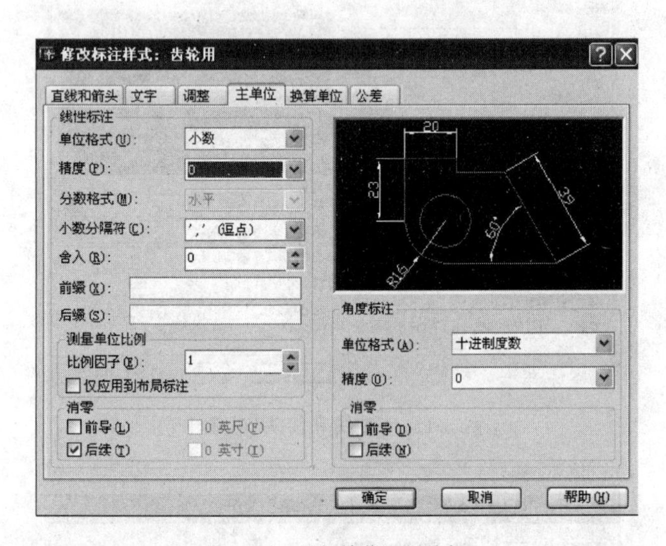

图 5-18　“主单位”选项卡

设置完成后，依次标注线性尺寸、直径和半径尺寸以及倒角尺寸，下面仅以标注齿顶圆直径为例。

命令：**_dimlinear**↙
指定第一条尺寸界线原点或 ＜选择对象＞：＜对象捕捉 开＞ ＜正交 关＞(**单击尺寸 161 的直线的一个端点**)
指定第二条尺寸界线原点：(**指定尺寸线位置或单击尺寸 161 的直线的一个端点**)
[多行文字(M)/文字(T)/角度(A)/水平(H)/垂直(V)/旋转(R)]：**t**↙
输入标注文字 ＜161＞：**%%c161h8**↙
(**指定尺寸线位置或选择合适的位置**)
[多行文字(M)/文字(T)/角度(A)/水平(H)/垂直(V)/旋转(R)]：

标注文字 ＝161

6）插入表面粗糙度符号

选择"插入"→"块"菜单：

命令：_insert↙

指定插入点或[比例(S)/X/Y/Y/旋转(R)/预览比例(PS)/PX/PZ/预览旋转(PR)]：**(单击要插入的地方)**

输入属性值

粗糙度<1.6>：**(根据实际情况输入新值或直接采用默认值)**↙

对部分需要旋转的粗糙度符号，在提示插入点时输入 R 选项，再输入旋转角度，然后指定插入点进行插入操作。如果数值和粗糙度符号之间不符合要求时，可以通过"分解"命令将块和属性分解后单独进行旋转，也可以针对不同的方向建立不同的块。对有特殊要求的粗糙度符号，可以插入一个表面粗糙度符号，然后通过分解命令分解后手工编辑完成。

7. 注写文字

绘制齿轮参数表，填写技术要求和标题栏，最终完成齿轮零件图，保存，结果如图 5-1 所示。

5.2　立体模型绘制

立体模型的绘制包括零件建模和装配体建模，使用的软件种类繁多，各有利弊。本节主要通过实例介绍 Solidworks 软件零件模型的基本方法和步骤。在使用 Solidworks 软件建模过程中，应注意以下事项。

(1) 软件提供的 3 个绘图平面与 3 个投影面的关系是：右视基准面相当于正立投影面(V 面)；前视基准面相当于侧立投影面(W 面)；上视基准面相当于水平投影面(H 面)清楚这一点，可以保证所绘制的模型方向与视图的投影方向一致。

(2) 使用 Solidworks 软件建模的基本方法是平面图形经过拉伸、旋转等特征形成立体模型，在绘制平面图形时应力求简单，形成立体模型后再创建其他特征。尽量在立体模型中建立特征，不要将平面图形复杂化。

(3) 建立零件的模型时，可以先忽略一些工艺结构和细小结构，首先建立一个组合体模型，然后在此基础上创建工艺结构和部分功能结构(如倒角、倒圆、退刀槽和螺纹等)形成零件模型。尽量使用软件的"零件配置"功能，增加模型的实用性。

【例 5-2】 根据零件图 5-19 的尺寸，创建如图 5-20 所示的零件模型。

从图 5-19 可以看出，该零件属于箱体类零件，如果忽略工艺结构，组合体模型如图 5-21 所示，建模过程中应首先创建组合体模型，然后再创建工艺结构形成零件。为了便于读者阅读零件图，图 5-22～图 5-24 分别为主、俯、左 3 个剖视图对应的立体模型，图 5-25 是阀体的后视模型。

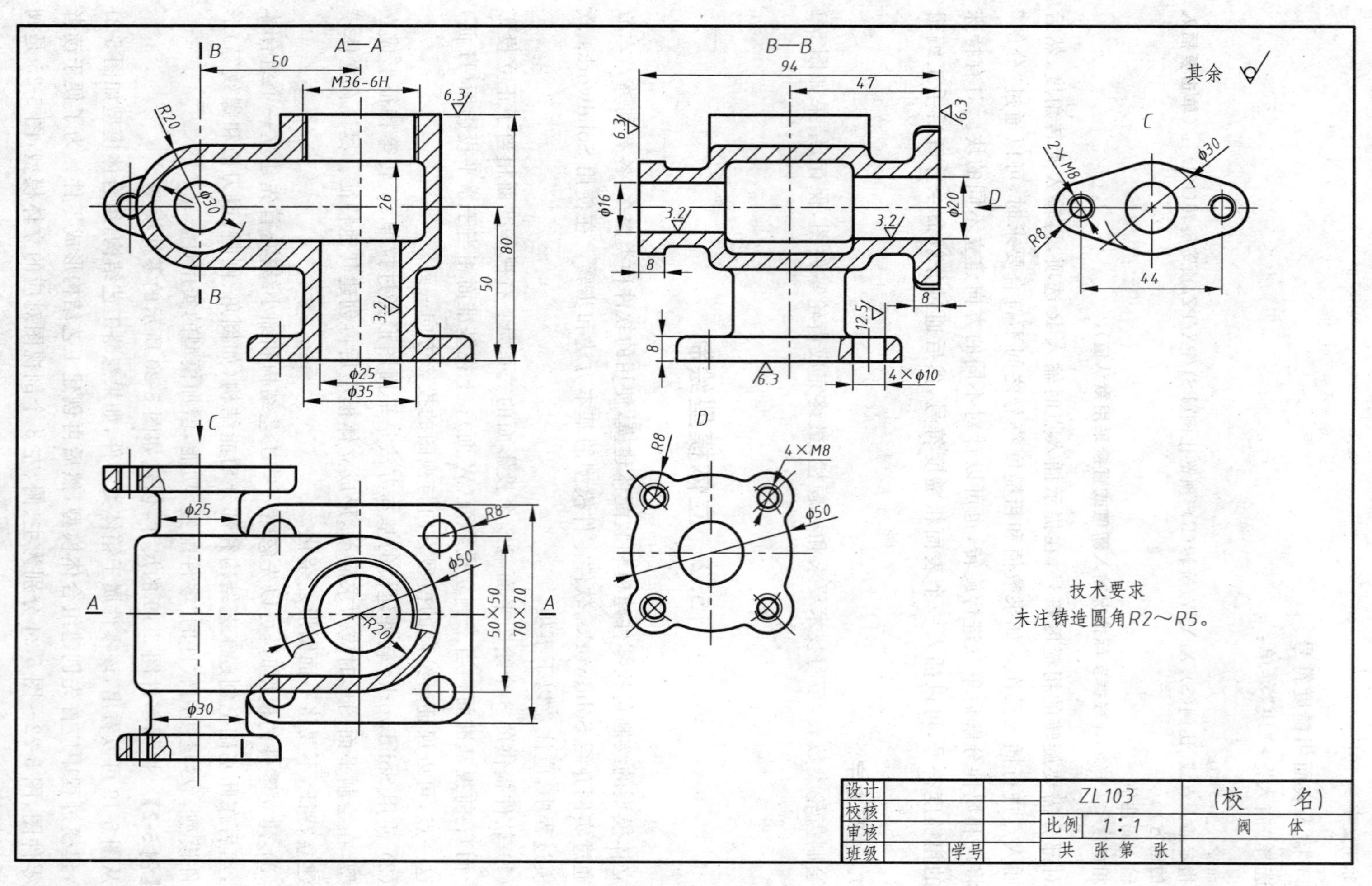
A—A
B—B
C
D
其余
2×M8
4×M8
4×φ10
M36-6H
技术要求
未注铸造圆角R2～R5。
设计
校核
审核
班级
学号
ZL103
(校 名)
比例 1∶1
阀 体
共 张 第 张

图 5-19 阀体零件图

图 5-20　阀体零件模型

图 5-21　阀体组合体模型

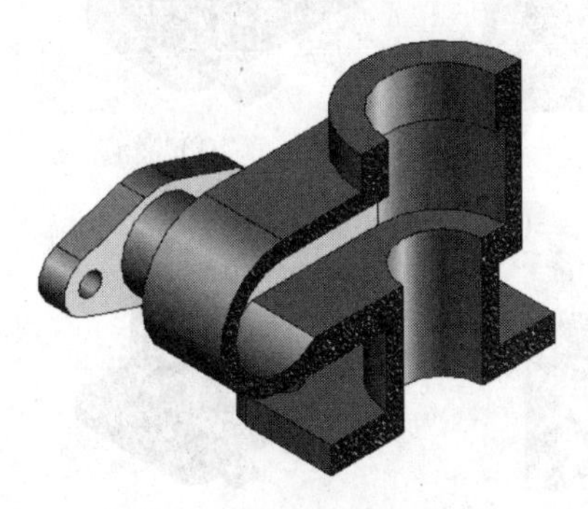

图 5-22　阀体主视剖切模型

图 5-23　阀体俯视剖切模型

图 5-24　阀体左视剖切模型

图 5-25　阀体后视模型

建模过程如下。

1. 阀体的组合体建模

通过形体分析可知，阀体的基体是由各种圆柱体或广义柱体组成的，因此都可以使用“拉伸特征”的建模方法创建，每个特征所用的平面图形和整个建模过程见图 5-26。

2. 阀体内部腔体结构建模

腔体结构可以通过“拉伸切除”特征创建，每个特征所用的平面图形和整个建模过程见图 5-27。

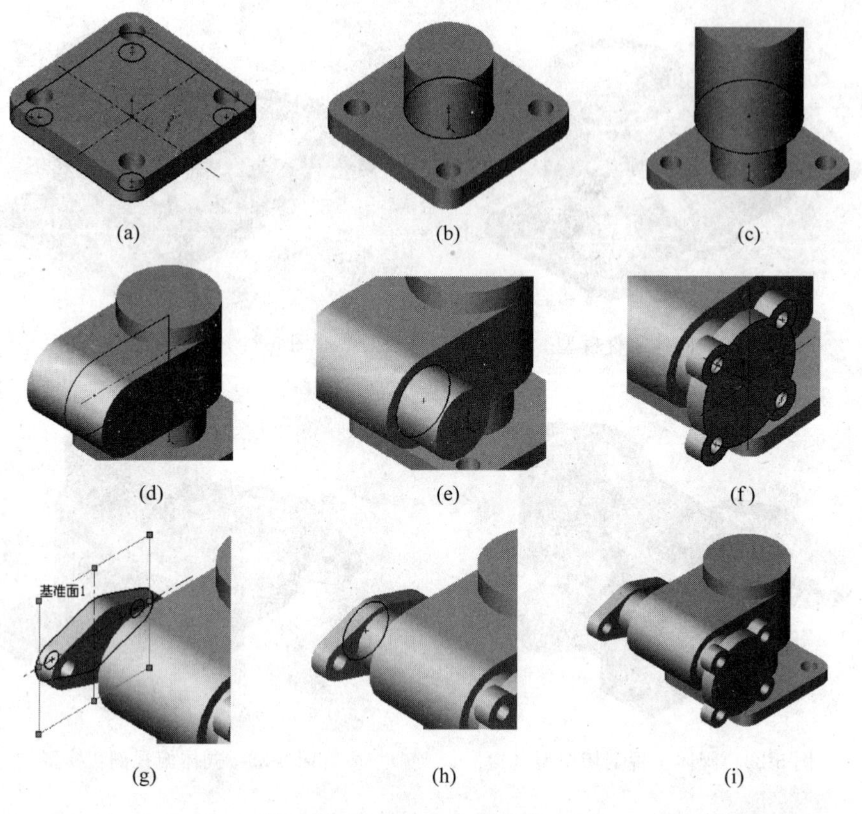

图 5-26　阀体的组合体建模过程

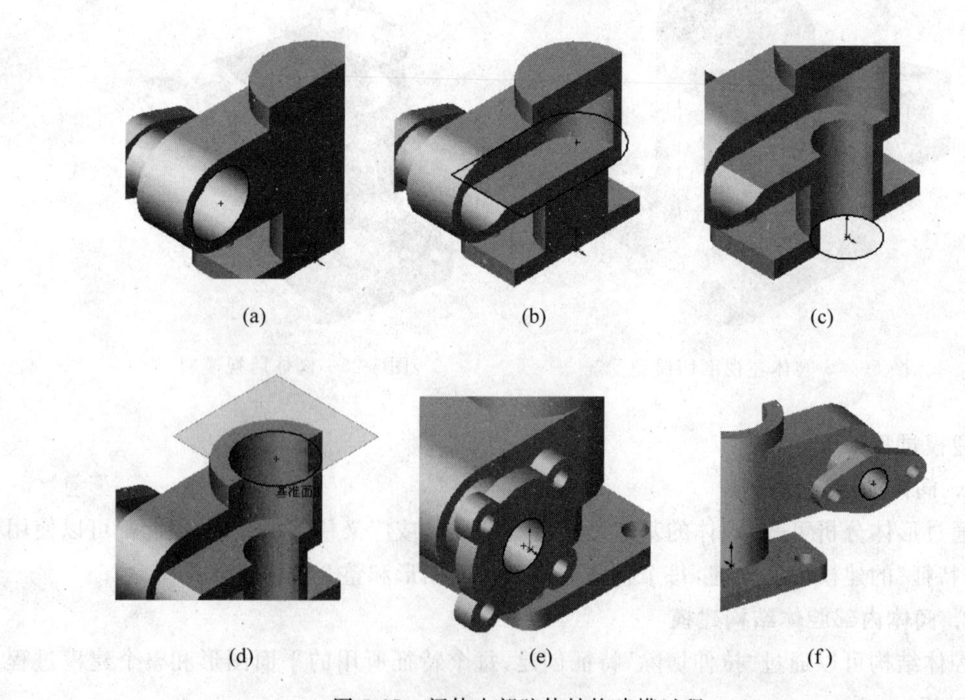

图 5-27　阀体内部腔体结构建模过程

3. 创建螺纹结构

Solidworks 软件创建螺纹结构有两种方式：一种是添加螺纹装饰线；另一种是通过扫描切除特征创建真实感的螺纹。这里只介绍如何创建真实感螺纹。

(1) 绘制扫描路径草图(螺旋线)，见图 5-28。

(2) 绘制扫描轮廓草图(三角形)。在“右视”平面上绘制三角形(牙型)草图，尺寸可查表得到，三角形的顶点与螺旋线应添加“穿透”几何关系，见图 5-29。利用扫描切除特征进行切除，结果见图 5-30。

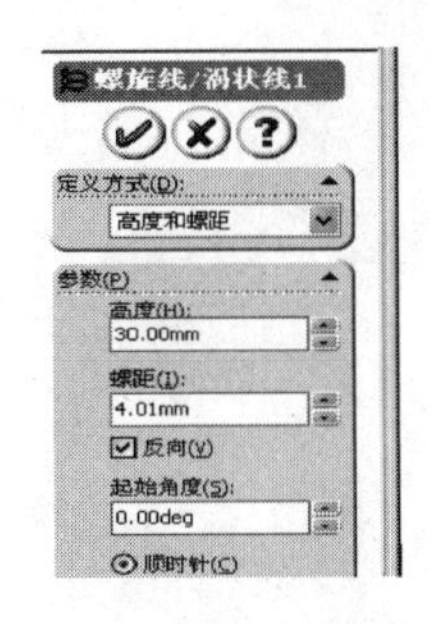

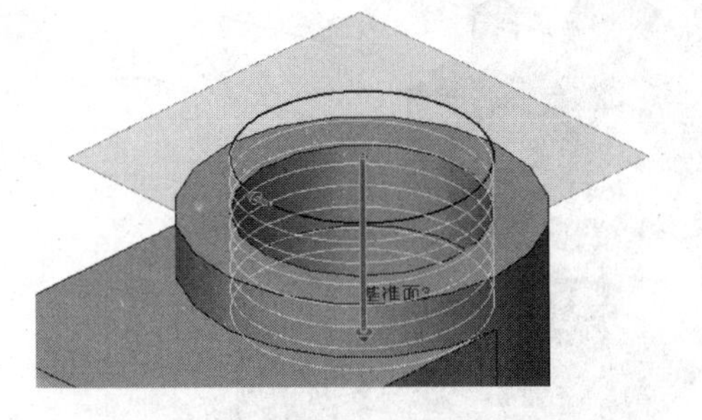

图 5-28　螺旋线参数

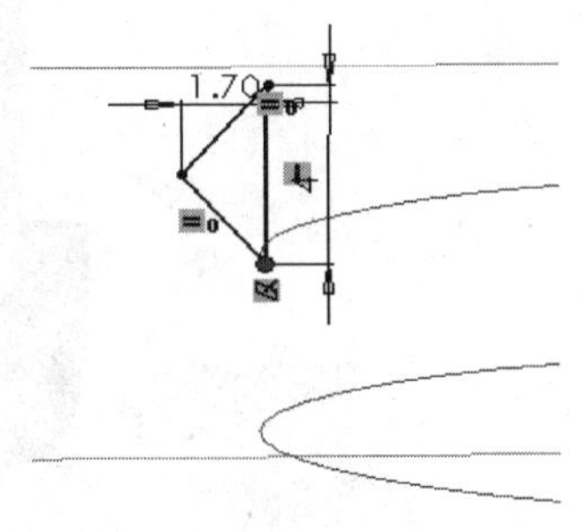

图 5-29　轮廓草图

4. 创建工艺结构(圆角等)

圆角结构包括内圆角和外圆角，如图 5-31 所示。两种圆角结构创建方法相同，设置适当的圆角半径，选择需要倒角的棱线即可，最终阀体零件的模型如图 5-20 所示。

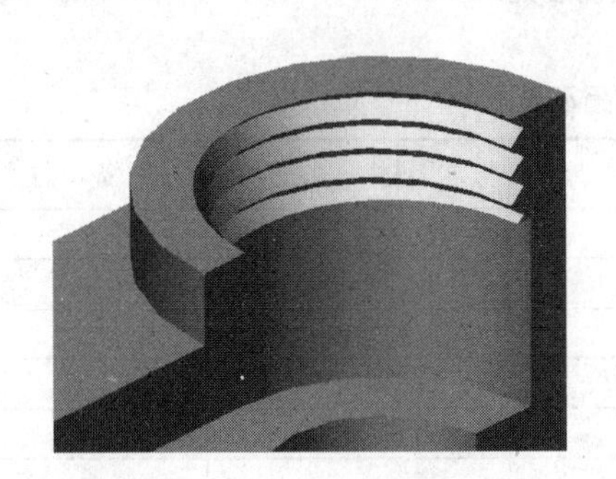

图 5-30　真实螺纹结构

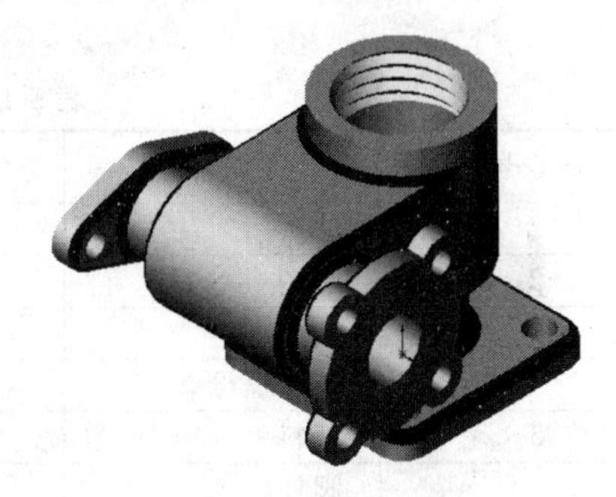

图 5-31　圆角结构

5.3　练习与指导

使用 AutoCAD 绘图软件，按 1∶1 尺寸绘制手压阀和三元子泵的零件图。使用三维绘图软件，根据零件图的尺寸创建零件模型，参考两个装配体的轴测装配图进行虚拟装配。

手压阀是吸进或排出液体的一种简易手动阀门。手压阀的工作原理是：工作时用手紧握手柄 2 向下压紧阀杆 6，弹簧 8 因受力压缩使阀杆向下移动，液体入口与出口相通，流出液体；手柄向上抬起时，由于弹簧弹力的作用，阀杆向上压紧阀体 7，使液体入口与出口不通。手压阀零件表见表 5-1，其轴测装配图如图 5-32，零件图见图 5-33～图 5-35。

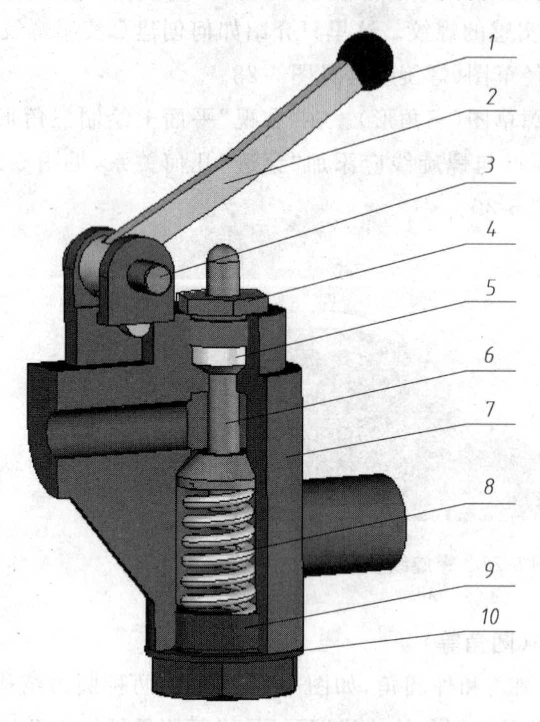

图 5-32　手压阀轴测装配图

表 5-1　手压阀零件表

序　号	名　称	数　量	材　料	备　注
1	球头	1	胶木	
2	手柄	1	20	
3	销子	1	20	
4	锁紧螺母	1	Q235	
5	填料	1	石棉	
6	阀杆	1	45	
7	阀体	1	HT150	
8	弹簧	1	65Mn	
9	调节螺母	1	Q235	
10	胶垫	1	橡胶	

三元子泵(见图 5-36)工作原理：运动由转子轴 7 传入，因为小轴 3 与转子轴不同心，所以在转动过程中，小滑块 4 两侧的间隙和大滑块 5 两端的间隙均不断地由最小空隙(零间隙)变到最大空隙(产生对油的吸入过程)，又由最大空隙变到最小空隙(产生对油的压出过程)。其轴测装配图如图 5-36 所示，由轴测装配图可以看出，各个空隙处于最大和最小的时间是不同的，从而保证了出油量的均匀和油压稳定。三元子泵零件表见表 5-2，其零件图见图 5-37～图 5-40。

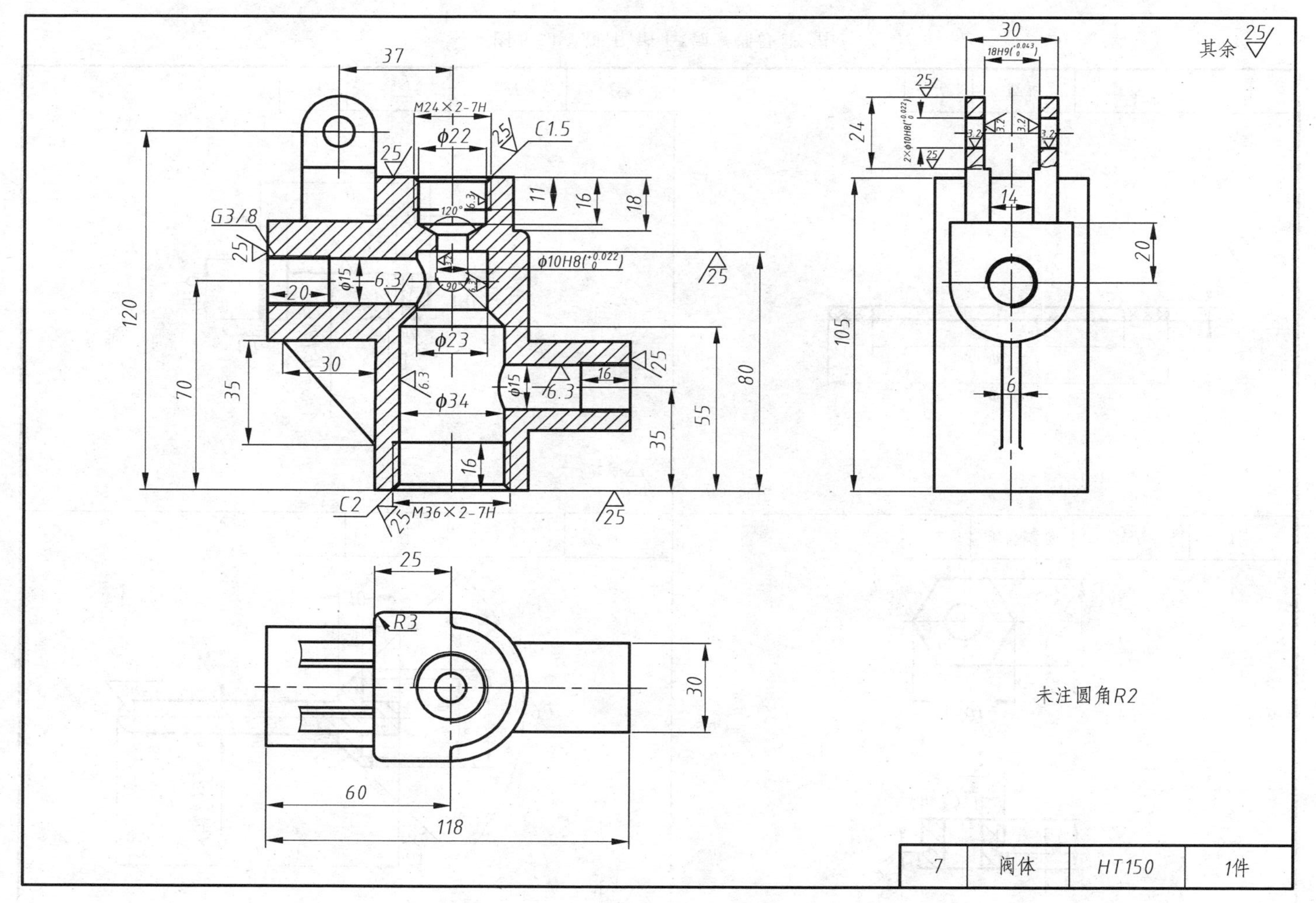

37
M24×2-7H
φ22
C1.5
G3/8
120°
11
16
18
φ10H8($^{+0.022}_{0}$)
φ15
6.3
20
φ23
30
φ34
16
35
55
80
70
120
C2
M36×2-7H
25
30
18H9($^{+0.043}_{0}$)
2×φ10H8($^{+0.022}_{0}$)
24
3.2
14
20
105
6
其余 25
R3
60
118
未注圆角R2
7
阀体
HT150
1件

图 5-33　阀体

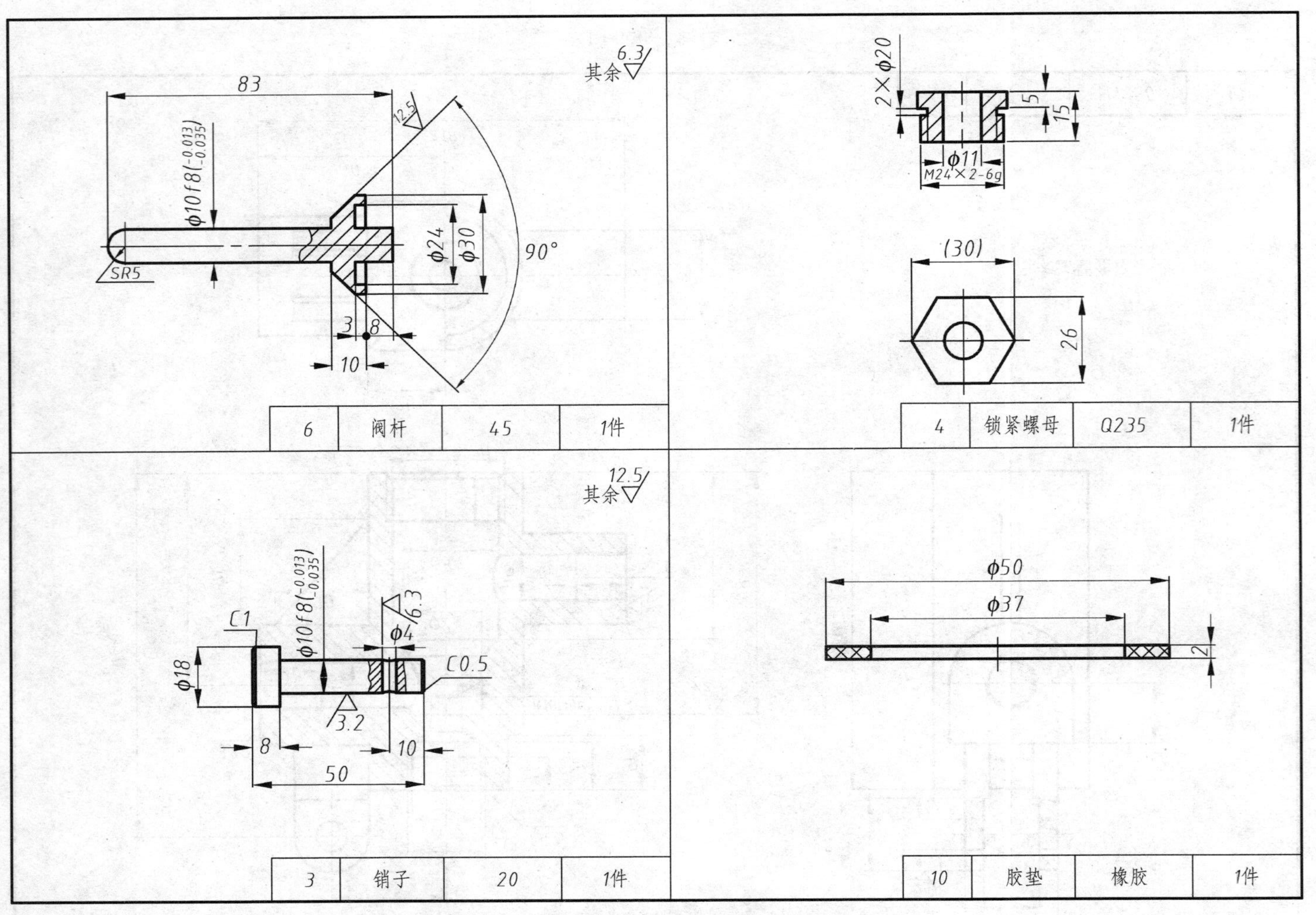

图 5-34　阀杆、销子、锁紧螺母、胶垫

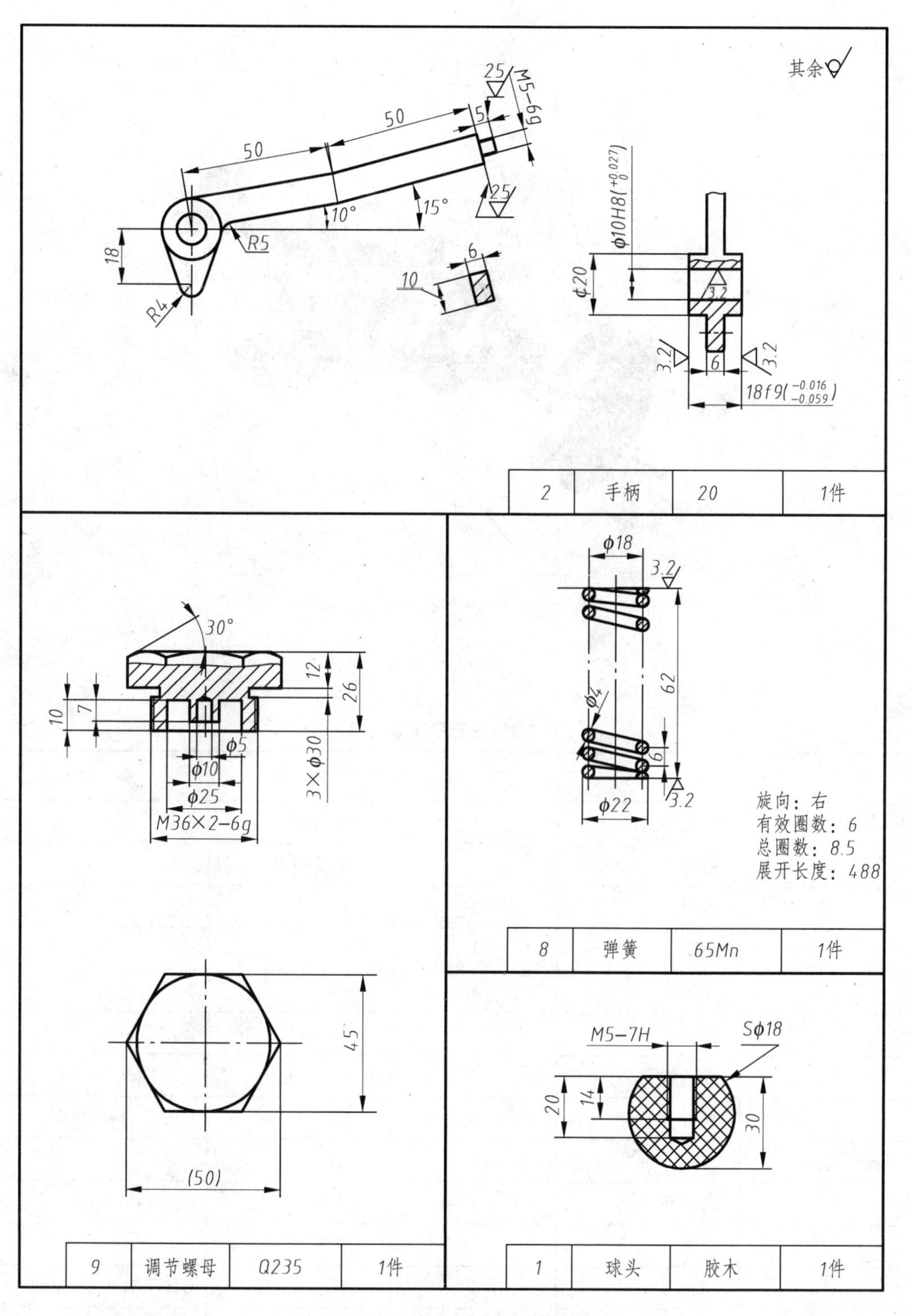

图 5-35　调节螺母、球头、弹簧、手柄

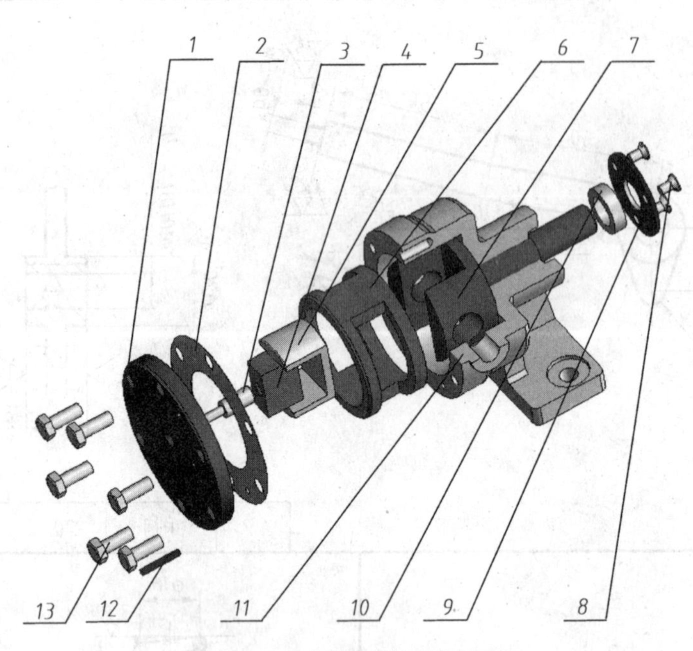

图 5-36　三元子泵轴测装配图

表 5-2　三元子泵零件表

序　号	名　称	数　量	材　料	备　注
1	泵盖	1	HT150	
2	垫片	1	工业用纸	
3	小轴	1	45	
4	小滑块	1	20	
5	大滑块	1	45	
6	衬套	1	HT200	
7	转子轴	1	45	
8	螺钉 M4×8	3	Q235	GB/T 68—2000
9	压盖	1	Q235	
10	密封环	1	工业用毛毡	
11	泵体	1	HT200	
12	销子 3×20	1	45	GB/T 119.1—2000
13	螺钉 M6×16	6	Q235	GB/T 5780—2000

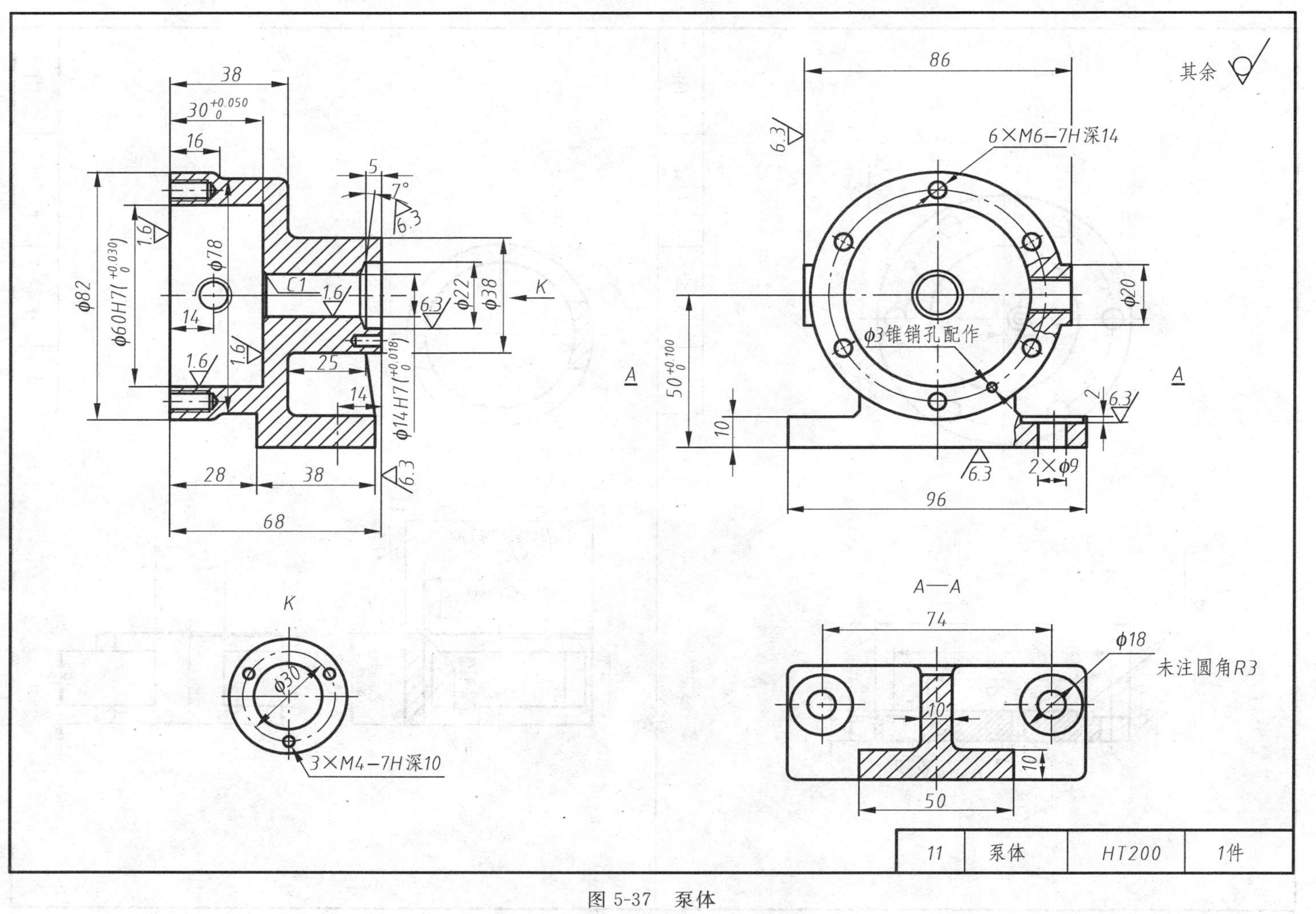
其余
38
$30^{+0.050}_{\ 0}$
16
5
7°
6.3
φ82
φ60H7($^{+0.030}_{\ 0}$)
φ78
1.6
C1
14
φ22
φ38
K
φ14H7($^{+0.018}_{\ 0}$)
25
28
68
86
6×M6-7H深14
φ20
φ3锥销孔配作
$50^{+0.100}_{\ 0}$
A
2
10
2×φ9
96
A—A
74
φ18
未注圆角R3
50
3×M4-7H深10
φ30
11
泵体
HT200
1件

图 5-37　泵体

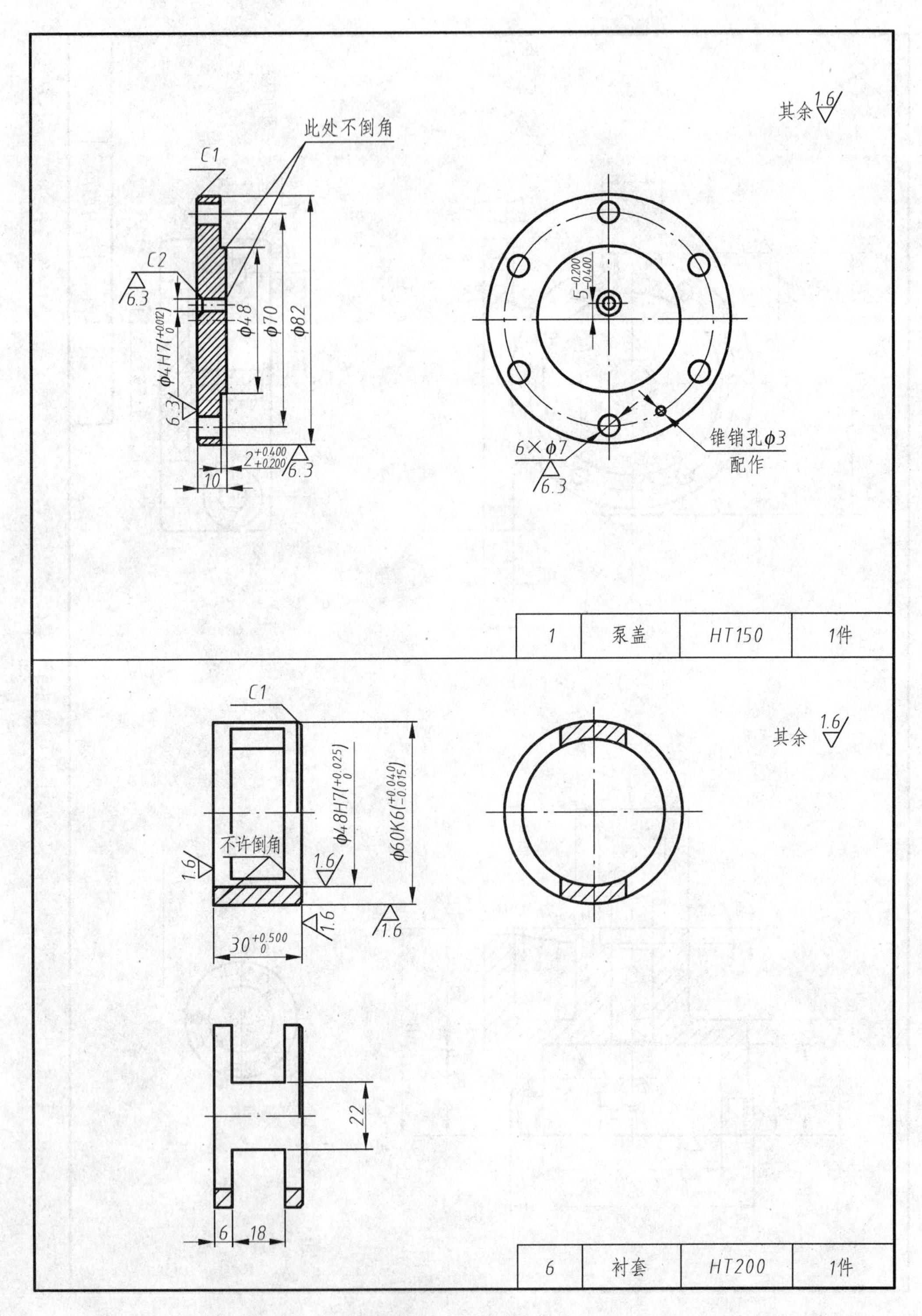

其余 1.6
此处不倒角
C1
C2
6.3
ϕ4H7($^{+0.012}_{0}$)
ϕ48
ϕ70
ϕ82
6.3
$2^{+0.400}_{+0.200}$
6.3
10
$5^{-0.200}_{-0.400}$
6×ϕ7
6.3
锥销孔ϕ3
配作
1
泵盖
HT150
1件
C1
其余 1.6
ϕ48H7($^{+0.025}_{0}$)
ϕ60K6($^{+0.040}_{-0.015}$)
不许倒角
1.6
1.6
1.6
1.6
$30^{+0.500}_{0}$
22
6
18
6
衬套
HT200
1件

图 5-38 泵盖、衬套

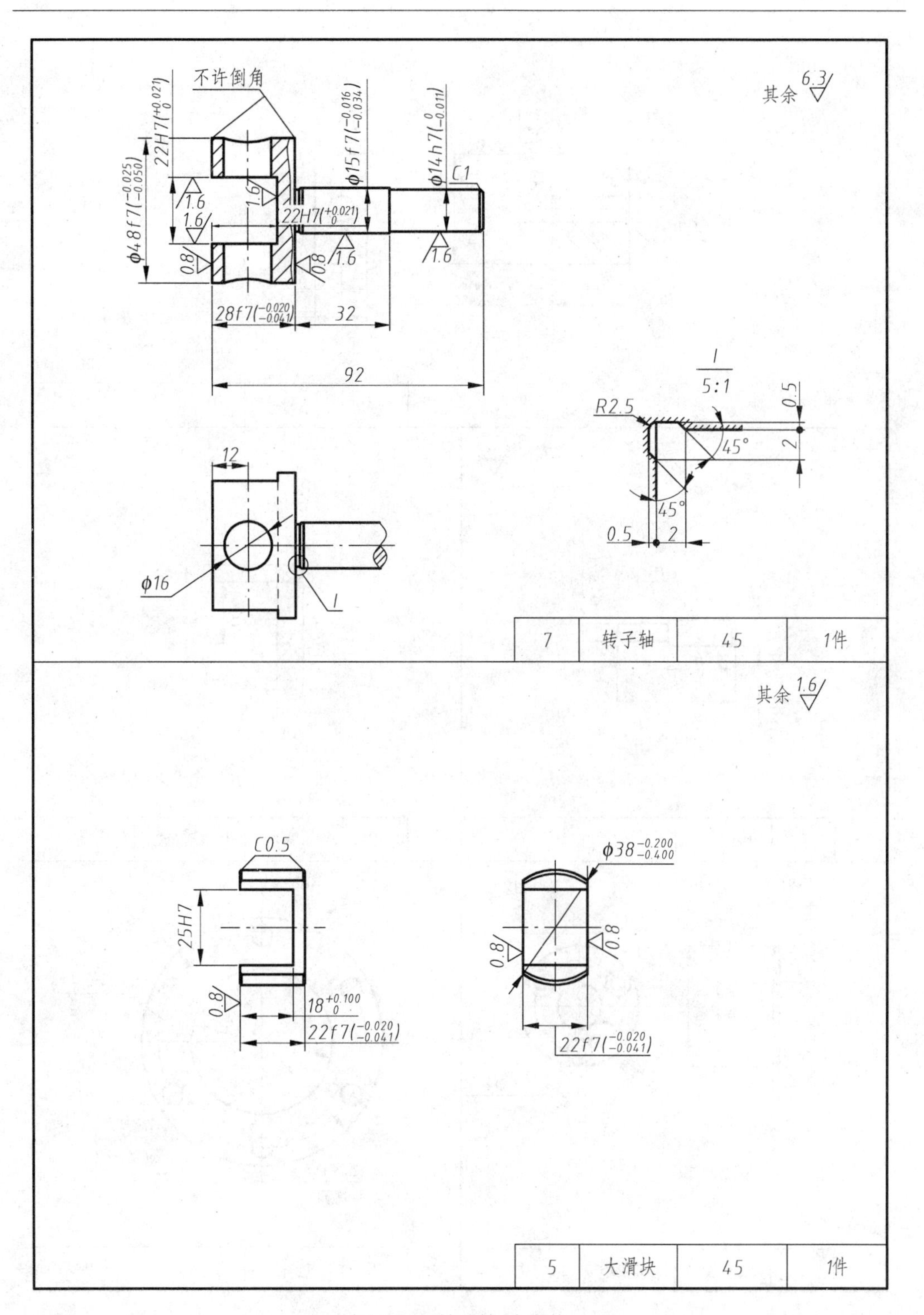
不许倒角
其余 6.3
22H7(+0.021 0)
ϕ48f7(−0.025 −0.050)
ϕ15f7(−0.016 −0.034)
ϕ14h7(0 −0.011)
C1
22H7(+0.021 0)
28f7(−0.020 −0.041)
32
92
I
5:1
R2.5
45°
0.5
2
12
ϕ16
7
转子轴
45
1件
其余 1.6
C0.5
25H7
18 +0.100 0
22f7(−0.020 −0.041)
ϕ38 −0.200 −0.400
5
大滑块
45
1件

图 5-39　转子轴、大滑块

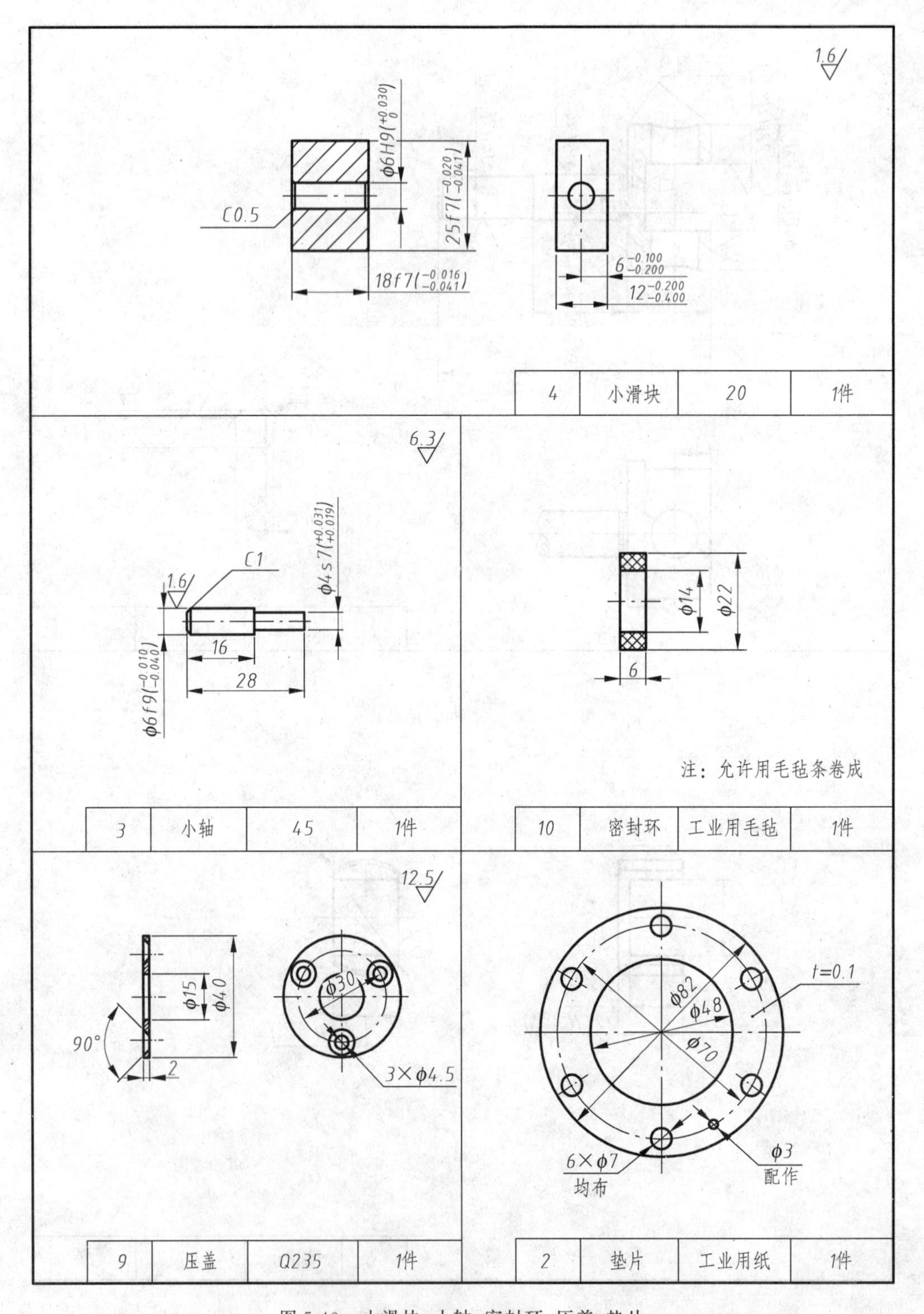

图 5-40　小滑块、小轴、密封环、压盖、垫片

第 6 章　由装配图拆画零件图练习题

1. 阅读如图 6-1 所示柱塞泵装配图，其零件分解图如图 6-3 所示

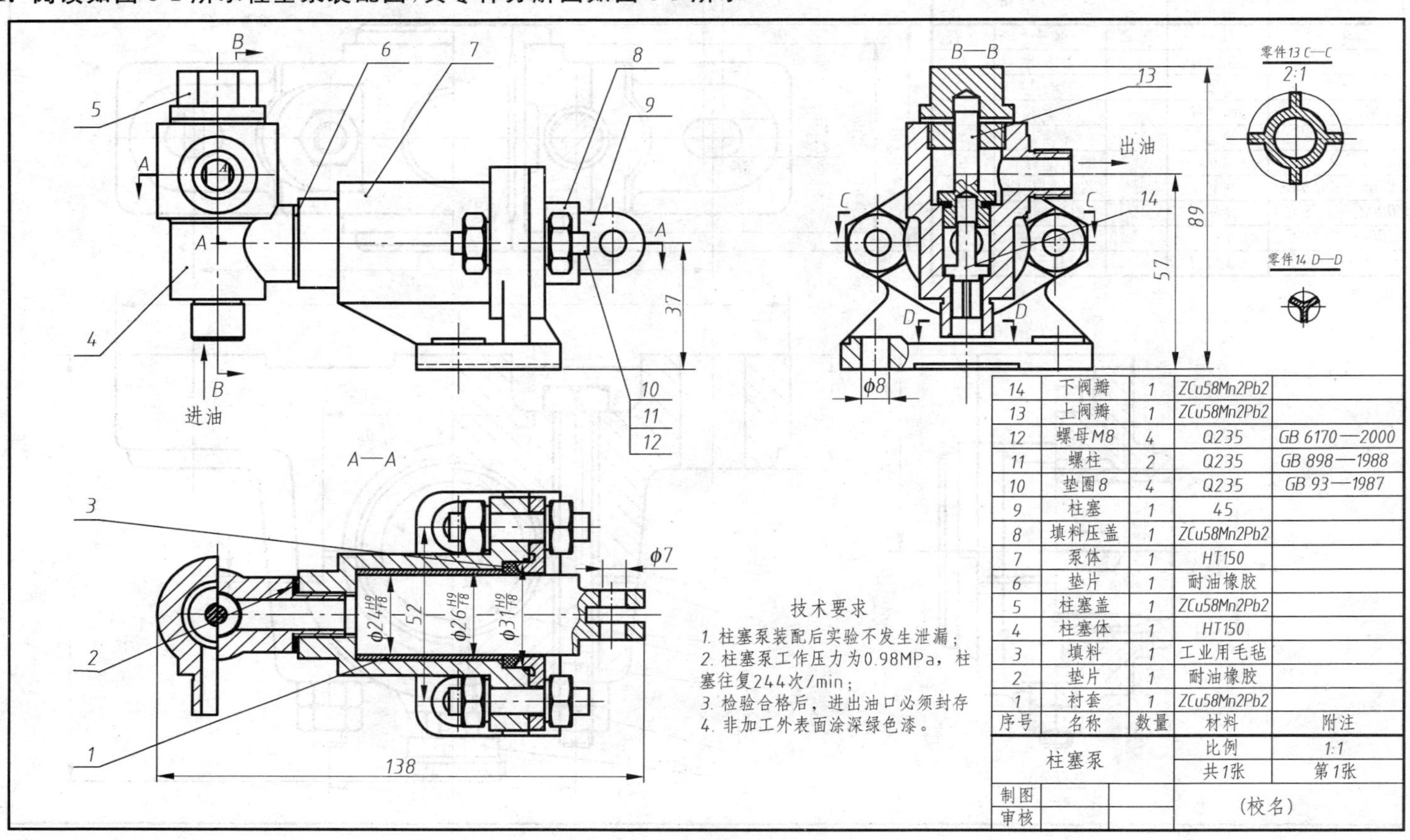

技术要求

1. 柱塞泵装配后实验不发生泄漏；
2. 柱塞泵工作压力为0.98MPa，柱塞往复244次/min；
3. 检验合格后，进出油口必须封存
4. 非加工外表面涂深绿色漆。

序号	名称	数量	材料	附注
14	下阀瓣	1	ZCu58Mn2Pb2	
13	上阀瓣	1	ZCu58Mn2Pb2	
12	螺母M8	4	Q235	GB 6170—2000
11	螺柱	2	Q235	GB 898—1988
10	垫圈8	4	Q235	GB 93—1987
9	柱塞	1	45	
8	填料压盖	1	ZCu58Mn2Pb2	
7	泵体	1	HT150	
6	垫片	1	耐油橡胶	
5	柱塞盖	1	ZCu58Mn2Pb2	
4	柱塞体	1	HT150	
3	填料	1	工业用毛毡	
2	垫片	1	耐油橡胶	
1	衬套	1	ZCu58Mn2Pb2	

柱塞泵		比例	1:1
		共1张	第1张
制图		（校名）	
审核			

图 6-1　柱塞泵装配图

2. 阅读如图 6-2 所示的滑动轴承座装配图，其零件分解图如图 6-4 所示

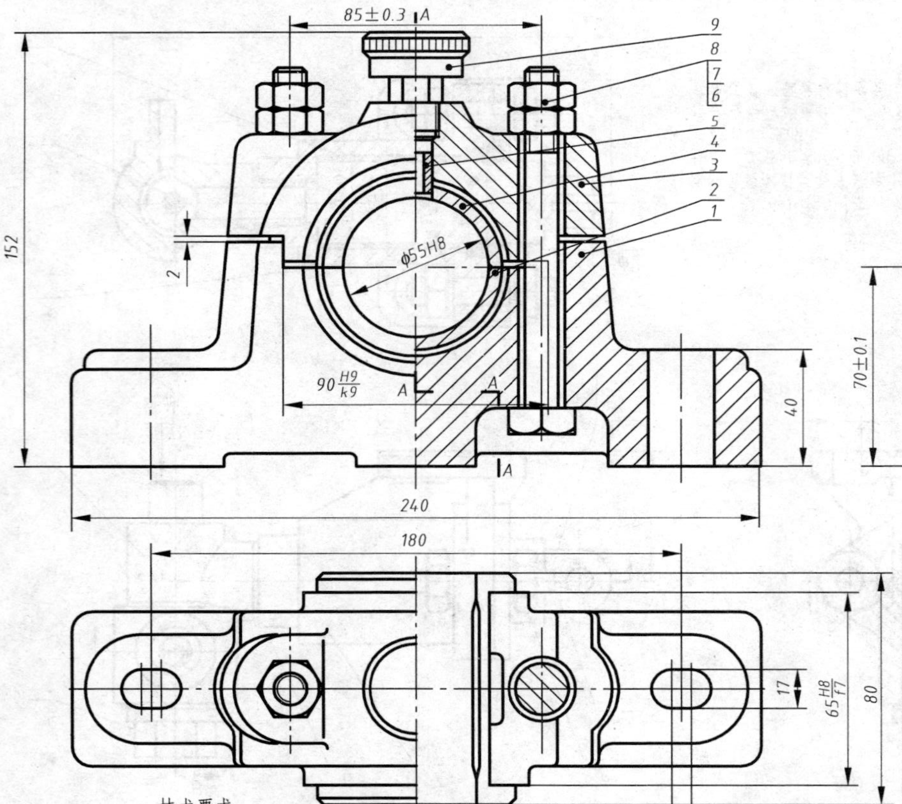

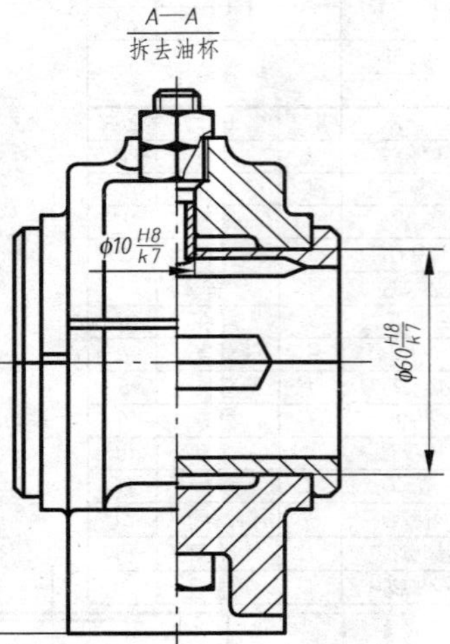

序号	名称	数量	材料	附注
9	油杯	1	HT200	JB 275—1979
8	螺母M12	2	A3	GB 6176—2000
7	螺母M12	2	A3	GB 6170—2000
6	螺栓M12×120	2	A3	GB 5782—1986
5	轴衬固定套	1	A3	
4	上轴瓦	1	青铜	
3	轴承盖	1	HT200	
2	下轴瓦	2	青铜	
1	轴承座	1	HT200	

滑动轴承座		比例	1:1
		共1张	第1张
制图		(校名)	
审核			

技术要求

1. 装配轴承盖与轴承座之间应加垫片调整，以保证轴与轴瓦间的配合要求；
2. 轴承装配后再加工油孔；
3. 调整试转后，零件用煤油清洗，工件面涂一层防锈油。

图 6-2　滑动轴承座装配图

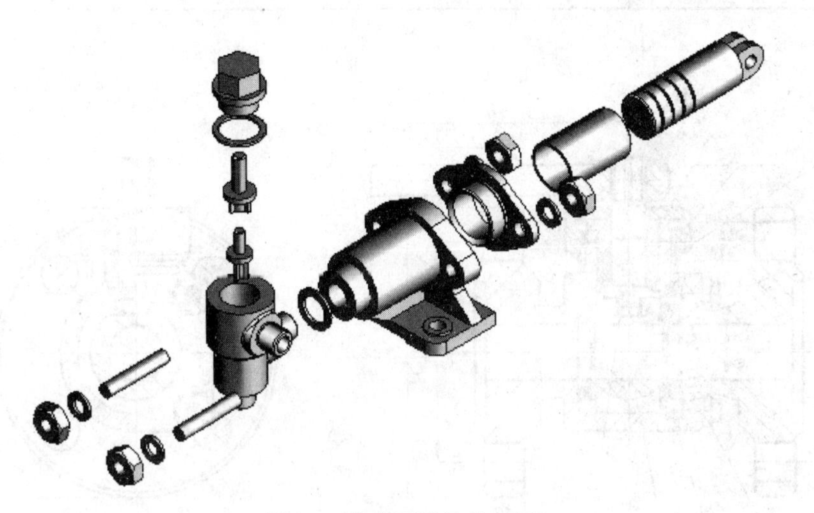

图 6-3　柱塞泵零件分解图

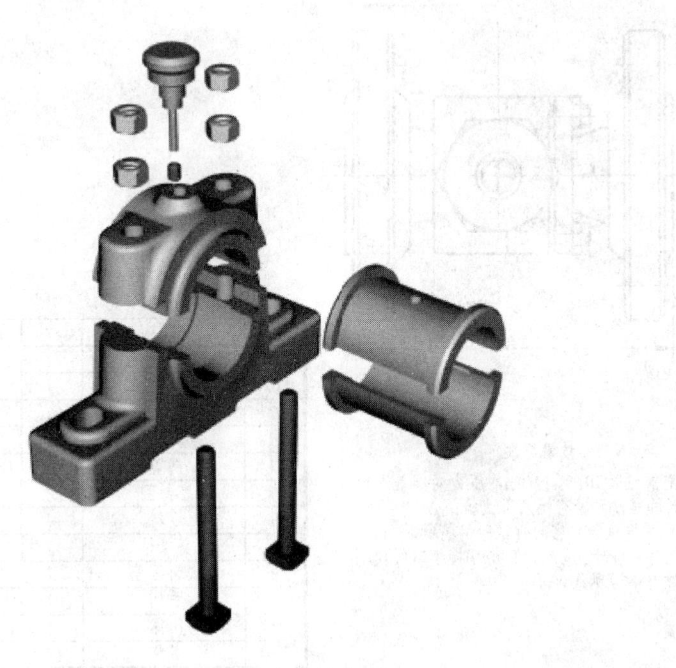

图 6-4　轴承座零件分解图

3. 阅读如图 6-5 所示的截止阀装配图

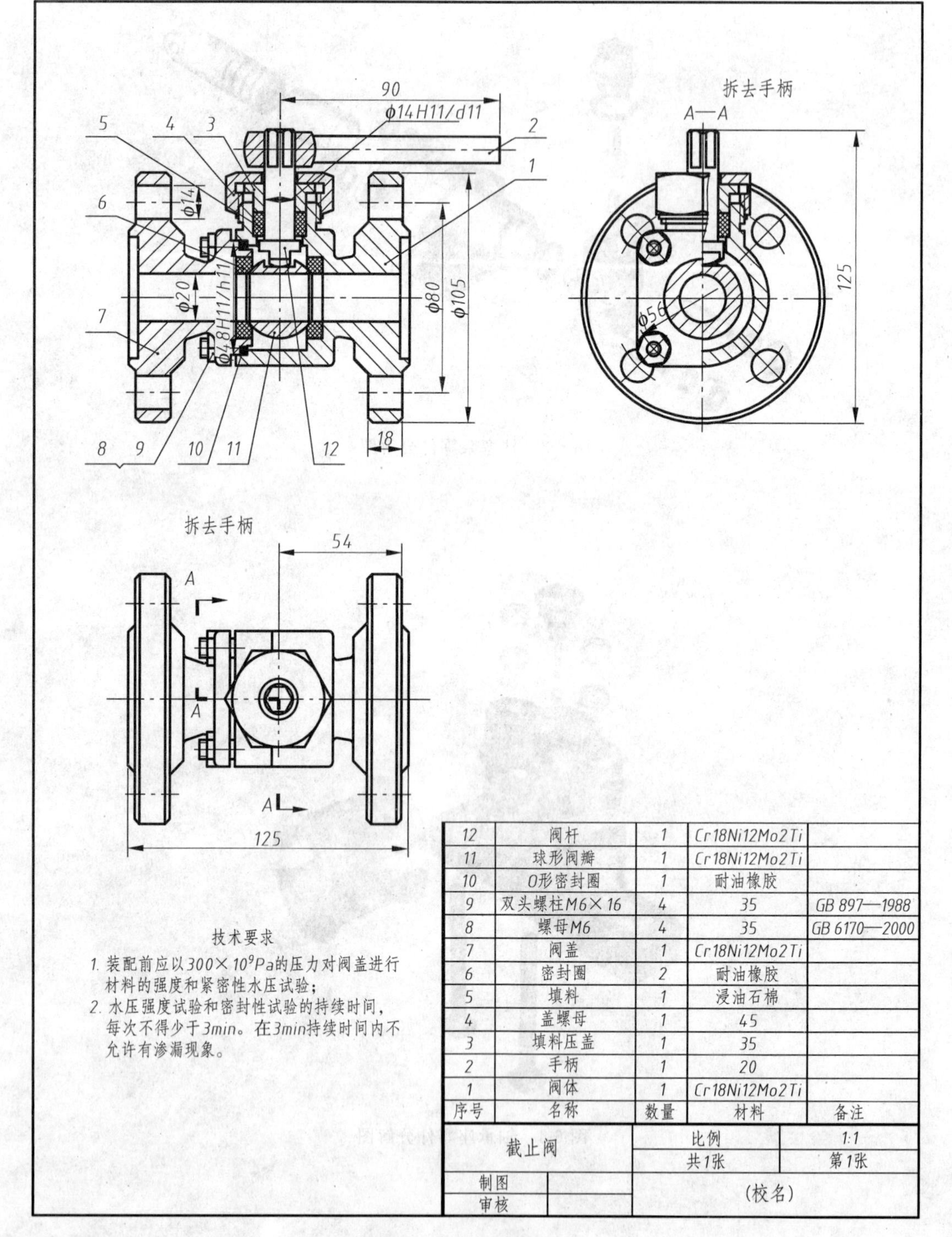

12	阀杆	1	Cr18Ni12Mo2Ti	
11	球形阀瓣	1	Cr18Ni12Mo2Ti	
10	O形密封圈	1	耐油橡胶	
9	双头螺柱M6×16	4	35	GB 897—1988
8	螺母M6	4	35	GB 6170—2000
7	阀盖	1	Cr18Ni12Mo2Ti	
6	密封圈	2	耐油橡胶	
5	填料	1	浸油石棉	
4	盖螺母	1	45	
3	填料压盖	1	35	
2	手柄	1	20	
1	阀体	1	Cr18Ni12Mo2Ti	
序号	名称	数量	材料	备注

截止阀		比例	1:1
		共1张	第1张
制图		(校名)	
审核			

图 6-5　截止阀装配图

附录A　常用螺纹及螺纹紧固件

A1　普通螺纹

直径与螺距系列和基本尺寸(GB/T 193—2003,GB/T 196—2003)

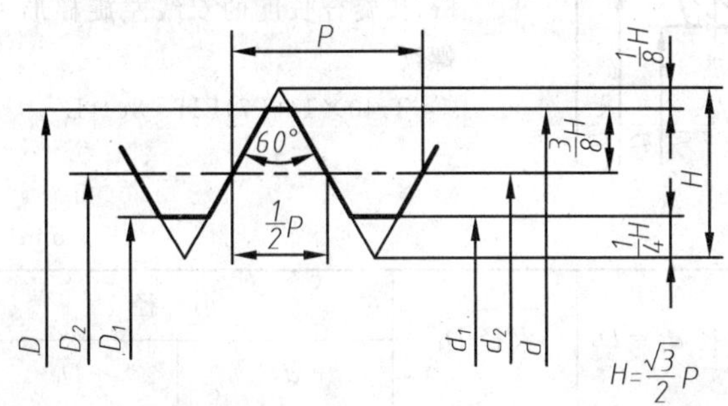

标记示例

公称直径 $d=10$,螺距 $P=1$,中径、顶径公差带代号7H,中等旋合长度,单线细牙普通内螺纹:

M10×1－7H

表　A1　　mm

公称直径(大径)D、d		螺　距　P		小径 D_1、d_1
第一系列	第二系列	粗牙	细牙	粗牙
3		0.5	0.35	2.459
	3.5	0.6		2.850
4		0.7	0.5	3.242
	4.5	0.75		3.688
5		0.8		4.134
6		1	0.75	4.917
	7			5.917
8		1.25	1,0.75	6.647
10		1.5	1.25,1,0.75	8.376
12		1.75	1.25,1	10.106
	14	2	1.5,1.25[a],1	11.835
16			1.5,1	13.835
	18	2.5	2,1.5,1	15.294
20				17.294
	22			19.294
24		3		20.752
	27			23.752
30		3.5	(3),2,1.5,1	26.211
	33		(3),2,1.5	29.211
36		4	3,2,1.5	31.670

注:1. 螺纹公称直径应优先选用第一系列,第三系列未列入。

2. 括号内的尺寸尽量不用。

3. a仅用于发动机的火花塞。

A2　梯形螺纹

直径与螺距系列和基本尺寸(GB/T 5796.2—2005,GB/T 5796.3—2005)

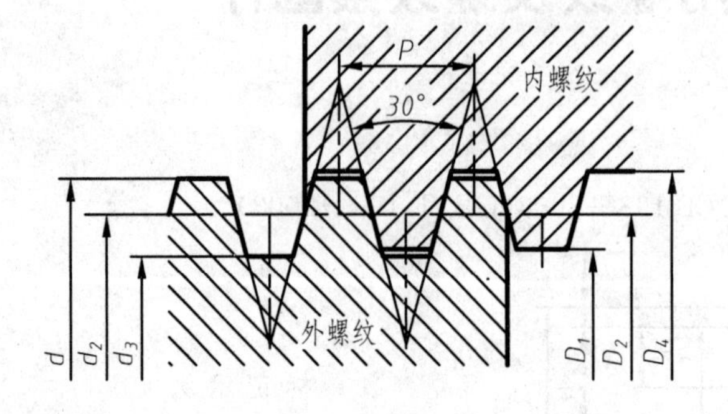

标记示例

公称直径 $d=40$,导程 Ph=14,螺距 $P=7$,中径公差带代号8e,长旋合长度的双线左旋梯形螺纹:

Tr40×14(P7)LH—8e—L

表　A2　　mm

公称直径 d		螺距 P	中径 $d_2=D_2$	大径 D_4	小径	
第一系列	第二系列				d_3	D_1
8		1.5	7.25	8.30	6.20	6.50
	9	1.5	8.25	9.30	7.20	7.50
		2	8.00	9.50	6.50	7.00
10		1.5	9.25	10.30	8.20	8.50
		2	9.00	10.50	7.50	8.00
	11	2	10.00	11.50	8.50	9.00
		3	9.50	11.50	7.50	8.00
12		2	11.00	12.50	9.50	10.00
		3	10.50	12.50	8.50	9.00
	14	2	13.00	14.50	11.50	12.00
		3	12.50	14.50	10.50	11.00
16		2	15.00	16.50	13.50	14.00
		4	14.00	16.50	11.50	12.00
	18	2	17.00	18.50	15.50	16.00
		4	16.00	18.50	13.50	14.00
20		2	19.00	20.50	17.50	18.00
		4	18.00	20.50	15.50	16.00

续表

公称直径 d		螺距 P	中径 $d_2=D_2$	大径 D_4	小径	
第一系列	第二系列				d_3	D_1
	22	3	20.50	22.50	18.50	19.00
		5	19.50	22.50	16.50	17.00
		8	18.00	23.00	13.00	14.00
24		3	22.50	24.50	20.50	21.00
		5	21.50	24.50	18.50	19.00
		8	20.00	25.00	15.00	16.00
	26	3	24.50	26.50	22.50	23.00
		5	23.50	26.50	20.50	21.00
		8	22.00	27.00	17.00	18.00
28		3	26.50	28.50	24.50	25.00
		5	25.50	28.50	22.50	23.00
		8	24.00	29.00	19.00	20.00
	30	3	28.50	30.50	26.50	27.00
		6	27.00	31.00	23.00	24.00
		10	25.00	31.00	19.00	20.00
32		3	30.50	32.50	28.50	29.00
		6	29.00	33.00	25.00	26.00
		10	27.00	33.00	21.00	22.00
	34	3	32.50	34.50	30.50	31.00
		6	31.00	35.00	27.00	28.00
		10	29.00	35.00	23.00	24.00
36		3	34.50	36.50	32.50	33.00
		6	33.00	37.00	29.00	30.00
		10	31.00	37.00	25.00	26.00
	38	3	36.50	38.50	34.50	35.00
		7	34.50	39.00	30.00	31.00
		10	33.00	39.00	27.00	28.00
40		3	38.50	40.50	36.50	37.00
		7	36.50	41.00	32.00	33.00
		10	35.00	41.00	29.00	30.00

A3　非密封管螺纹(GB/T 7307—2001)

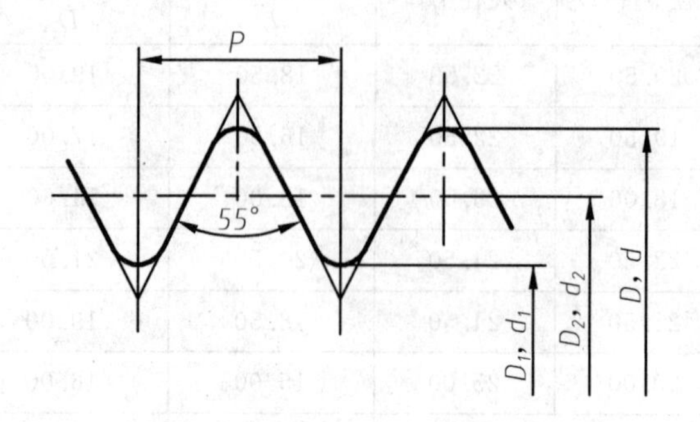

标 记 示 例

尺寸代号$1\frac{1}{2}$的左旋内螺纹：

G1½—LH

尺寸代号$1\frac{1}{2}$的 B 级外螺纹：

G1½B

表　A3　　mm

尺寸代号	每 25.4mm 内所包含的牙数 n	螺距 P	基本直径	
			大径 $D=d$	小径 $D_1=d_1$
1/8	28	0.907	9.728	8.566
1/4	19	1.337	13.157	11.445
3/8	19	1.337	16.662	14.950
1/2	14	1.814	20.955	18.631
5/8	14	1.814	22.911	20.587
3/4	14	1.814	26.441	24.117
7/8	14	1.814	30.201	27.887
1	11	2.309	33.249	30.291
$1\frac{1}{8}$	11	2.309	37.897	34.939
$1\frac{1}{4}$	11	2.309	41.910	38.952
$1\frac{1}{2}$	11	2.309	48.803	44.845
$1\frac{3}{4}$	11	2.309	53.746	50.788
2	11	2.309	59.614	56.656
$2\frac{1}{4}$	11	2.309	65.710	62.752
$2\frac{1}{2}$	11	2.309	75.184	72.226
$2\frac{3}{4}$	11	2.309	81.534	78.576
3	11	2.309	87.884	84.926

A4　螺栓

六角头螺栓—C 级(GB/T 5780—2000)、六角头螺栓—A 和 B 级(GB/T 5782—2000)

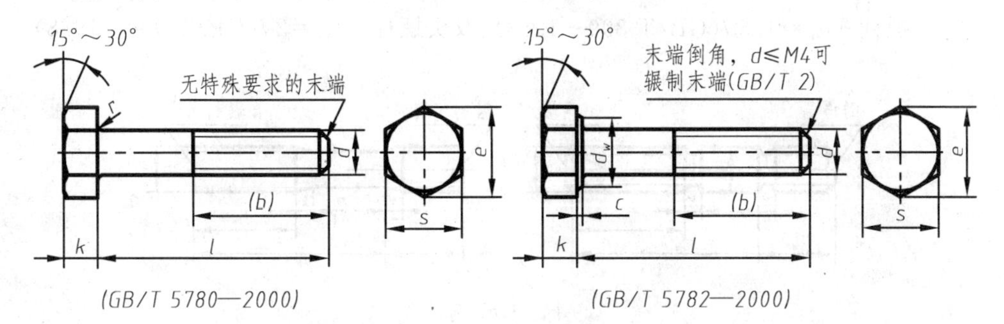

标 记 示 例

螺纹规格 d=M12、公称长度 l=80、性能等级为 8.8 级、表面氧化、A 级的六角头螺栓：

螺栓　GB/T 5780　M12×80

表　A4　　mm

螺纹规格 d		M3	M4	M5	M6	M8	M10	M12	M16	M20	M24	M30
b 参考	l≤125	12	14	16	18	22	26	30	38	46	54	66
	125<l≤200	18	20	22	24	28	32	36	44	52	60	72
	l>200	31	33	35	37	41	45	49	57	65	73	85
c		0.4	0.4	0.5	0.5	0.6	0.6	0.6	0.8	0.8	0.8	0.8
d_w 产品等级	A	4.57	5.88	6.88	8.88	11.63	14.63	16.63	22.49	28.19	33.61	—
	B、C	4.45	5.74	6.74	8.74	11.47	14.47	16.47	22	27.7	33.25	42.75
e 产品等级	A	6.01	7.66	8.79	11.05	14.38	17.77	20.03	26.75	33.53	39.98	—
	B、C	5.88	7.50	8.63	10.89	14.20	17.59	19.85	26.17	32.95	39.55	50.85
k 公称		2	2.8	3.5	4	5.3	6.4	7.5	10	12.5	15	18.7
r		0.1	0.2	0.2	0.25	0.4	0.4	0.6	0.6	0.8	0.8	1
s 公称		5.5	7	8	10	13	16	18	24	30	36	46
l(商品规格范围)		20～30	25～40	25～50	30～60	40～80	45～100	50～120	65～160	80～200	90～240	110～300
l 系列		12,16,20,25,30,35,40,45,50,55,60,65,70,80,90,100,110,120,130,140,150,160,180,200,220,240,260,280,300,320,340,360										

注：1. A 级用于 d≤24 和 l≤10d 或≤150 的螺栓；B 级用于 d>24 和 l>10d 或>150 的螺栓。

2. 螺纹规格 d 范围：GB/T 5780 为 M5～M64；GB/T 5782 为 M1.6～M64。

3. 公称长度 l 范围：GB/T 5780 为 25～500；GB/T 5782 为 12～500。

A5　双头螺柱

双头螺柱—$b_m=1d$(GB/T 897—1988)、双头螺柱—$b_m=1.25d$(GB/T 898—1988)、双头螺柱—$b_m=1.5d$(GB/T 899—1988)、双头螺柱—$b_m=2d$(GB/T 900—1988)

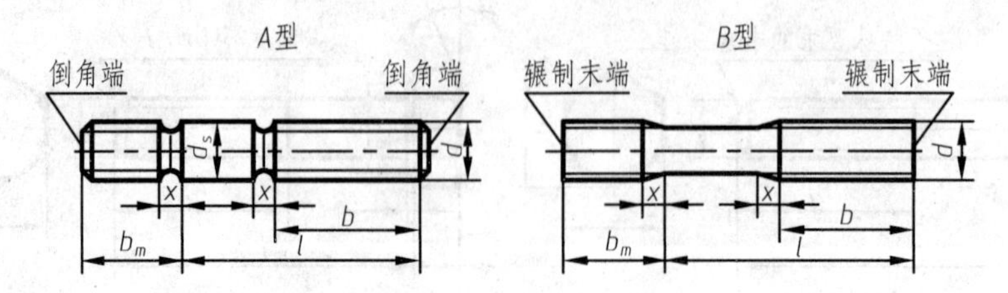

标记示例

两端均为粗牙普通螺纹、$d=10$、$l=50$、性能等级为4.8级、B型、$b_m=1d$的双头螺柱：

螺柱　GB/T 897　M10×50

旋入机体一端为粗牙普通螺纹、旋螺母一端为螺距 $P=1$ 的细牙普通螺纹、$d=10$、$l=50$、性能等级为4.8级、A型、$b_m=1d$的双头螺柱：

螺柱　GB/T 897　AM10−M10×1×50

表　A5　　mm

螺纹规格 d		M5	M6	M8	M10	M12	M16	M20	M24	M30	M36	M42
b_m（公称）	GB/T 897	5	6	8	10	12	16	20	24	30	36	42
	GB/T 898	6	8	10	12	15	20	25	30	38	45	52
	GB/T 899	8	10	12	15	18	24	30	36	45	54	65
	GB/T 900	10	12	16	20	24	32	40	48	60	72	84
d_s(max)		5	6	8	10	12	16	20	24	30	36	42
x(max)		2.5P										
$\frac{l}{b}$		$\frac{16\sim22}{10}$	$\frac{20\sim22}{10}$	$\frac{20\sim22}{12}$	$\frac{25\sim28}{14}$	$\frac{25\sim30}{16}$	$\frac{30\sim38}{20}$	$\frac{35\sim40}{25}$	$\frac{45\sim50}{30}$	$\frac{60\sim65}{40}$	$\frac{65\sim75}{45}$	$\frac{65\sim80}{50}$
		$\frac{25\sim50}{16}$	$\frac{25\sim30}{14}$	$\frac{25\sim30}{16}$	$\frac{30\sim38}{16}$	$\frac{32\sim40}{20}$	$\frac{40\sim55}{30}$	$\frac{45\sim65}{35}$	$\frac{55\sim75}{45}$	$\frac{70\sim90}{50}$	$\frac{80\sim110}{60}$	$\frac{85\sim110}{70}$
			$\frac{32\sim75}{18}$	$\frac{32\sim90}{22}$	$\frac{40\sim120}{26}$	$\frac{45\sim120}{30}$	$\frac{60\sim120}{38}$	$\frac{70\sim120}{46}$	$\frac{80\sim120}{54}$	$\frac{95\sim120}{60}$	$\frac{120}{78}$	$\frac{120}{90}$
					$\frac{130}{32}$	$\frac{130\sim180}{36}$	$\frac{130\sim200}{44}$	$\frac{130\sim200}{52}$	$\frac{130\sim200}{60}$	$\frac{130\sim200}{72}$	$\frac{130\sim200}{84}$	$\frac{130\sim200}{96}$
										$\frac{210\sim250}{85}$	$\frac{210\sim300}{91}$	$\frac{210\sim300}{109}$
l系列		16,(18),20,(22),25,(28),30,(32),35,(38),40,45,50,(55),60,(65),70,(75),80,(85),90,(95),100,110,120,130,140,150,160,170,180,190,200,210,220,230,240,250,260,280,300										

注：P 是粗牙螺纹的螺距。

A6 螺钉

A6.1 开槽圆柱头螺钉(GB/T 65—2000)

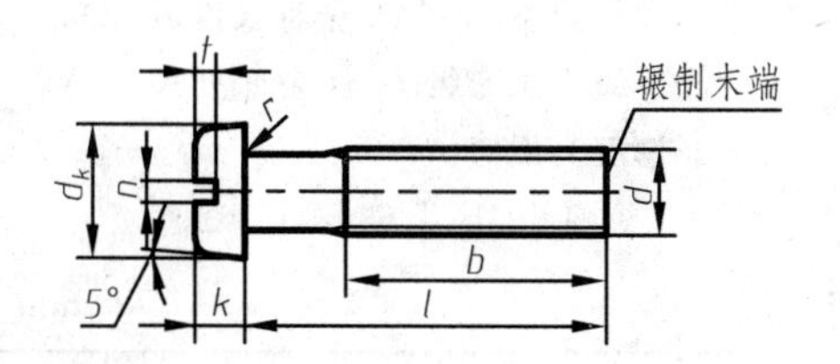

标记示例

螺纹规格 d=M5、公称长度 l=20、性能等级为4.8级、不经表面处理的A级开槽圆柱头螺钉：

螺钉 GB/T 65 M5×20

表 A6 mm

螺纹规格 d	M4	M5	M6	M8	M10
P(螺距)	0.7	0.8	1	1.25	1.5
b	38	38	38	38	38
d_k	7	8.5	10	13	16
k	2.6	3.3	3.9	5	6
n	1.2	1.2	1.6	2	2.5
r	0.2	0.2	0.25	0.4	0.4
t	1.1	1.3	1.6	2	2.4
公称长度 l	5～40	6～50	8～60	10～80	12～80
l 系列	5,6,8,10,12,(14),16,20,25,30,35,40,45,50,(55),60,(65),70,(75),80				

注：1. 公称长度 $l\leqslant40$ 的螺钉，制出全螺纹。

2. 螺纹规格 d=M1.6～M10；公称长度 l=2～80。

3. 括号内的规格尽可能不采用。

A6.2 开槽盘头螺钉(GB/T 67—2000)

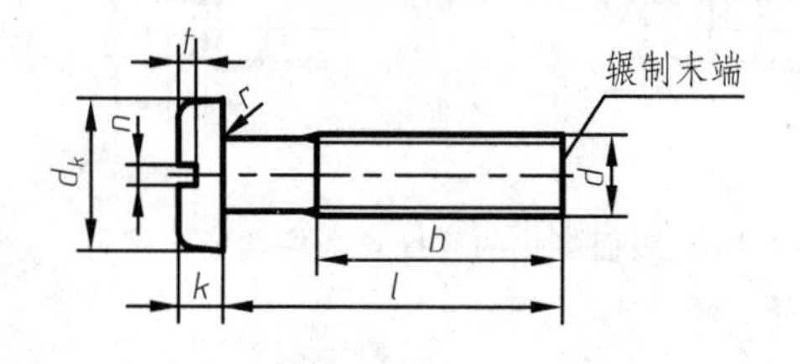

标记示例

螺纹规格 d=M5、公称长度 l=20、性能等级为4.8级、不经表面处理的A级开槽盘头螺钉：

螺钉 GB/T 67 M5×20

表 A7 mm

螺纹规格 d	M1.6	M2	M2.5	M3	M4	M5	M6	M8	M10
P(螺距)	0.35	0.4	0.45	0.5	0.7	0.8	1	1.25	1.5
b	25	25	25	25	38	38	38	38	38
d_k	3.2	4	5	5.6	8	9.5	12	16	20
k	1	1.3	1.5	1.8	2.4	3	3.6	4.8	6
n	0.4	0.5	0.6	0.8	1.2	1.2	1.6	2	2.5
r	0.1	0.1	0.1	0.1	0.2	0.2	0.25	0.4	0.4
t	0.35	0.5	0.6	0.7	1	1.2	1.4	1.9	2.4
公称长度 l	2～16	2.5～20	3～25	4～30	5～40	6～50	8～60	10～80	12～80
l 系列	2,2.5,3,4,5,6,8,10,12,(14),16,20,25,30,35,40,45,50,(55),60,(65),70,(75),80								

注：1. M1.6～M3的螺钉，公称长度 $l\leqslant30$ 的，制出全螺纹；M4～M10的螺钉，公称长度 $l\leqslant40$ 的，制出全螺纹。

2. 括号内的规格尽可能不采用。

A6.3　开槽沉头螺钉(GB/T 68—2000)

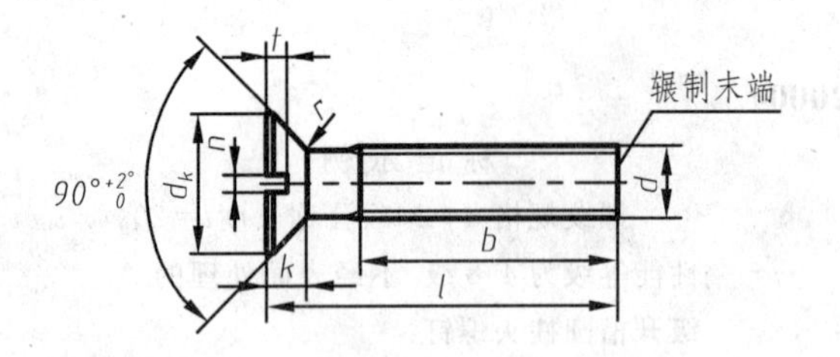

标 记 示 例

螺纹规格 d=M5、公称长度 l=20、性能等级为 4.8 级、不经表面处理的 A 级开槽沉头螺钉：

螺钉　GB/T 68　M5×20

表　A8　　　　　　　　　　　　　　　　　　　　　　　　　　　　　　　　　　　mm

螺纹规格 d	M1.6	M2	M2.5	M3	M4	M5	M6	M8	M10
P(螺距)	0.35	0.4	0.45	0.5	0.7	0.8	1	1.25	1.5
b	25	25	25	25	38	38	38	38	38
d_k	3.6	4.4	5.5	6.3	9.4	10.4	12.6	17.3	20
k	1	1.2	1.5	1.65	2.7	2.7	3.3	4.65	5
n	0.4	0.5	0.6	0.8	1.2	1.2	1.6	2	2.5
r	0.4	0.5	0.6	0.8	1	1.3	1.5	2	2.5
t	0.5	0.6	0.75	0.85	1.3	1.4	1.6	2.3	2.6
公称长度 l	2.5～16	3～20	4～25	5～30	6～40	8～50	8～60	10～80	12～80
l 系列	2.5,3,4,5,6,8,10,12,(14),16,20,25,30,35,40,45,50,(55),60,(65),70,(75),80								

注：1. M1.6～M3 的螺钉，公称长度 $l \leqslant 30$ 的，制出全螺纹；M4～M10 的螺钉，公称长度 $l \leqslant 45$ 的，制出全螺纹。

2. 括号内的规格尽可能不采用。

A6.4　开槽锥端紧定螺钉(GB/T 71—1985)　开槽平端紧定螺钉(GB/T 73—1985)　开槽长圆柱端紧定螺钉(GB/T 75—1985)

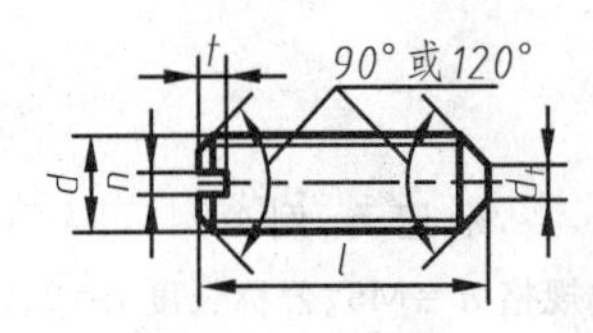

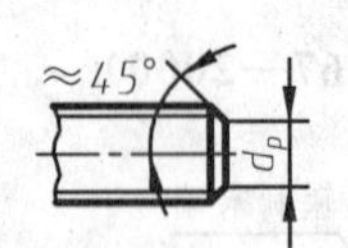

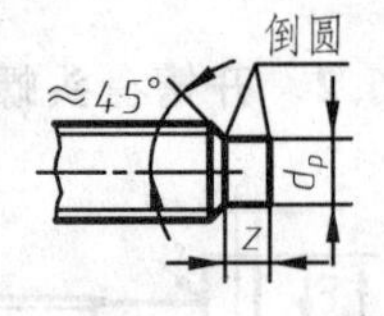

标 记 示 例

螺纹规格 d=M5、公称长度 l=12、性能等级为 14H 级、表面氧化的开槽长圆柱端紧定螺钉：

螺钉　GB/T75　M5×12

表　A9　　　　　　　　　　　　　　　　　　　　　　　　　　　　　　　　　　　mm

螺纹规格 d		M1.6	M2	M2.5	M3	M4	M5	M6	M8	M10	M12
P(螺距)		0.35	0.4	0.45	0.5	0.7	0.8	1	1.25	1.5	1.75
n		0.25	0.25	0.4	0.4	0.6	0.8	1	1.2	1.6	2
t		0.74	0.84	0.95	1.05	1.42	1.63	2	2.5	3	3.6
d_t		0.16	0.2	0.25	0.3	0.4	0.5	1.5	2	2.5	3
d_p		0.8	1	1.5	2	2.5	3.5	4	5.5	7	8.5
z		1.05	1.25	1.5	1.75	2.25	2.75	3.25	4.3	5.3	6.3
l	GB/T 71—1985	2～8	3～10	3～12	4～16	6～20	8～25	8～30	10～40	12～50	14～60
	GB/T 73—1985	2～8	2～10	2.5～12	3～16	4～20	5～25	6～30	8～40	10～50	12～60
	GB/T 75—1985	2.5～8	3～10	4～12	5～16	6～20	8～25	10～30	10～40	12～50	14～60
l 系列		2,2.5,3,4,5,6,8,10,12,(14),16,20,25,30,35,40,45,50,(55),60									

注：1. l 为公称长度。

2. 括号内的规格尽可能不采用。

A7　螺母

六角螺母——C 级（GB/T 41—2000）　　1 型六角螺母——A 级和 B 级（GB/T 6170—2000）　　六角薄螺母（GB/T 6172.1—2000）

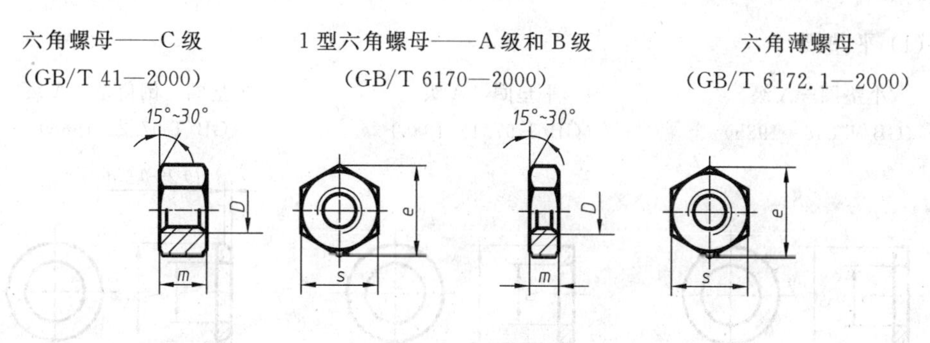

标 记 示 例

螺纹规格 D=M12、性能等级为 5 级、不经表面处理、C 级的六角螺母：螺母　GB/T 41　M12

螺纹规格 D=M12、性能等级为 8 级、不经表面处理、A 级的 1 型六角螺母：螺母　GB/T 6170　M12

表　A10　　mm

螺纹规格 D		M3	M4	M5	M6	M8	M10	M12	M16	M20	M24	M30	M36	M42
e	GB/T 41			8.63	10.89	14.20	17.59	19.85	26.17	32.95	39.55	50.85	60.79	72.02
	GB/T 6170	6.01	7.66	8.79	11.05	14.38	17.77	20.03	26.75	32.95	39.55	50.85	60.79	72.02
	GB/T 6172.1	6.01	7.66	8.79	11.05	14.38	17.77	20.03	26.75	32.95	39.55	50.85	60.79	72.02
s	GB/T 41			8	10	13	16	18	24	30	36	46	55	65
	GB/T 6170	5.5	7	8	10	13	16	18	24	30	36	46	55	65
	GB/T 6172.1	5.5	7	8	10	13	16	18	24	30	36	46	55	65
m	GB/T 41			5.6	6.1	7.9	9.5	12.2	15.9	18.7	22.3	26.4	31.5	34.9
	GB/T 6170	2.4	3.2	4.7	5.2	6.8	8.4	10.8	14.8	18	21.5	25.6	31	34
	GB/T 6172.1	1.8	2.2	2.7	3.2	4	5	6	8	10	12	15	18	21

注：A 级用于 $D\leqslant16$；B 级用于 $D>16$。

A8　垫圈

(1) 平垫圈

小垫圈—A级（GB/T 848—1985）　　平垫圈—A级（GB/T 97.1—1985）　　平垫圈　倒角型—A级（GB/T 97.2—1985）

标记示例

标准系列、规格8、性能等级为140HV级、不经表面处理的平垫圈：垫圈 GB/T 97.1　8

表　A11　　mm

公称尺寸（螺纹大径 d）		1.6	2	2.5	3	4	5	6	8	10	12	14	16	20	24	30	36
d_1	GB/T 848	1.7	2.2	2.7	3.2	4.3	5.3	6.4	8.4	10.5	13	15	17	21	25	31	37
	GB/T 97.1	1.7	2.2	2.7	3.2	4.3	5.3	6.4	8.4	10.5	13	15	17	21	25	31	37
	GB/T 97.2						5.3	6.4	8.4	10.5	13	15	17	21	25	31	37
d_2	GB/T 848	3.5	4.5	5	6	8	9	11	15	18	20	24	28	34	39	50	60
	GB/T 97.1	4	5	6	7	9	10	12	16	20	24	28	30	37	44	56	66
	GB/T 97.2						10	12	16	20	24	28	30	37	44	56	66
h	GB/T 848	0.3	0.3	0.5	0.5	0.5	1	1.6	1.6	1.6	2	2.5	2.5	3	4	4	5
	GB/T 97.1	0.3	0.3	0.5	0.5	0.8	1	1.6	1.6	2	2.5	2.5	3	3	4	4	5
	GB/T 97.2						1	1.6	1.6	2	2.5	2.5	3	3	4	4	5

（2）弹簧垫圈

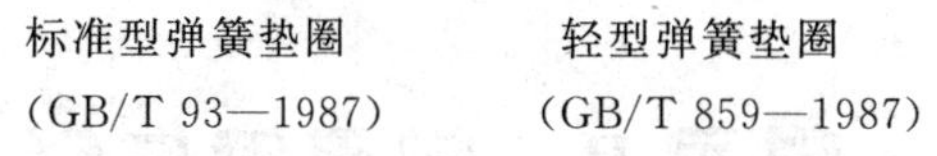
标准型弹簧垫圈（GB/T 93—1987）　　轻型弹簧垫圈（GB/T 859—1987）

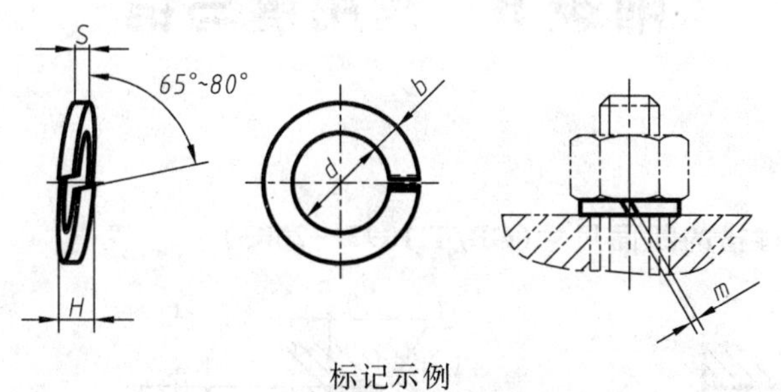

标记示例

规格 16、材料为 65Mn、表面氧化的标准型弹簧垫圈：垫圈 GB/T 93 16

表　A12　　mm

公称规格（螺纹大径）		3	4	5	6	8	10	12	(14)	16	(18)	20	(22)	24	(27)	30
d		3.1	4.1	5.1	6.1	8.1	10.2	12.2	14.2	16.2	18.2	20.2	22.5	24.5	27.5	30.5
H	GB/T 93	1.6	2.2	2.6	3.2	4.2	5.2	6.2	7.2	8.2	9	10	11	12	13.6	15
	GB/T 859	1.2	1.6	2.2	2.6	3.2	4	5	6	6.4	7.2	8	9	10	11	12
S(*b*)	GB/T 93	0.8	1.1	1.3	1.6	2.1	2.6	3.1	3.6	4.1	4.5	5	5.5	6	6.8	7.5
S	GB/T 859	0.6	0.8	1.1	1.3	1.6	2	2.5	3	3.2	3.6	4	4.5	5	5.5	6
$m\leqslant$	GB/T 93	0.4	0.55	0.65	0.8	1.05	1.3	1.55	1.8	2.05	2.25	2.5	2.75	3	3.4	3.75
	GB/T 859	0.3	0.4	0.55	0.65	0.8	1	1.25	1.5	1.6	1.8	2	2.25	2.5	2.75	3
b	GB/T 859	1	1.2	1.5	2	2.5	3	3.5	4	4.5	5	5.5	6	7	8	9

注：1. 括号内的规格尽可能不采用。

2. *m* 应大于零。

附录B　常用键与销

B1　键

B1.1　平键和键槽的断面尺寸(GB/T 1095—2003)

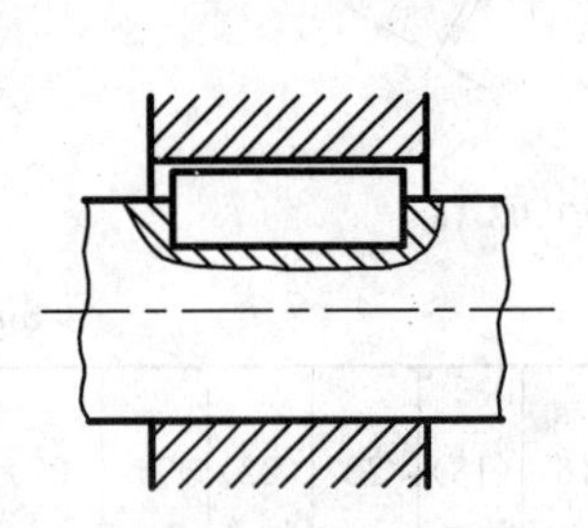

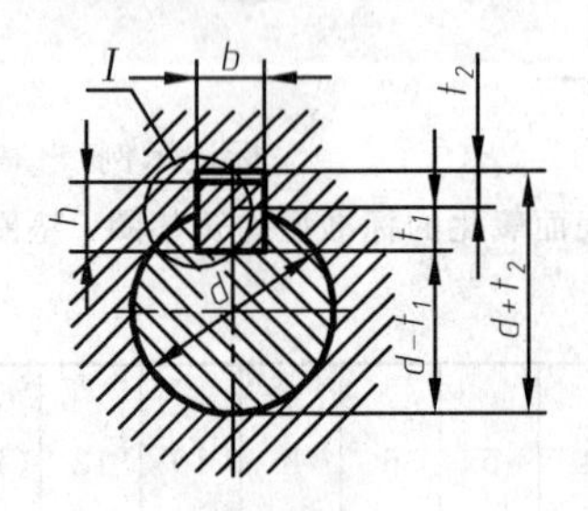

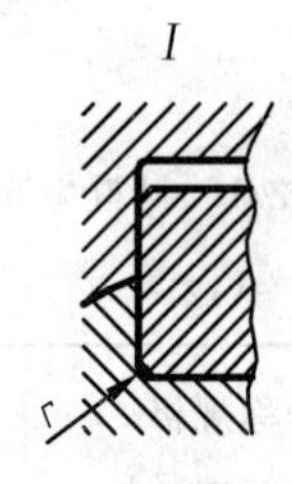

表　B1　　mm

键尺寸 $b\times h$	键槽 宽度 b 基本尺寸	宽度 b 极限偏差 正常连接 轴 N9	正常连接 毂 JS9	紧密连接 轴和毂 P9	松连接 轴 H9	松连接 毂 D10	深度 轴 t_1 基本尺寸	轴 t_1 极限偏差	毂 t_2 基本尺寸	毂 t_2 极限偏差	半径 r min	半径 r max
2×2	2	−0.004 −0.029	±0.0125	−0.006 −0.031	+0.025 0	+0.060 +0.020	1.2	+0.1 0	1.0	+0.1 0	0.08	0.16
3×3	3						1.8		1.4			
4×4	4	0 −0.030	±0.015	−0.012 −0.042	+0.030 0	+0.078 +0.030	2.5		1.8			
5×5	5						3.0		2.3		0.16	0.25
6×6	6						3.5		2.8			
8×7	8	0 −0.036	±0.018	−0.015 −0.051	+0.036 0	+0.098 +0.040	4.0	+0.2 0	3.3	+0.2 0		
10×8	10						5.0		3.3		0.25	0.40
12×8	12	0 −0.043	±0.0215	−0.018 −0.061	+0.043 0	+0.120 +0.050	5.0		3.3			
14×9	14						5.5		3.8			
16×10	16						6.0		4.3			
18×11	18						7.0		4.4			
20×12	20	0 −0.052	±0.026	−0.022 −0.074	+0.052 0	+0.149 0.065	7.5		4.9		0.40	0.60
22×14	22						9.0		5.4			
25×14	25						9.0		5.4			
28×16	28						10.0		6.4			

B1.2　普通型平键(GB/T 1096—2003)

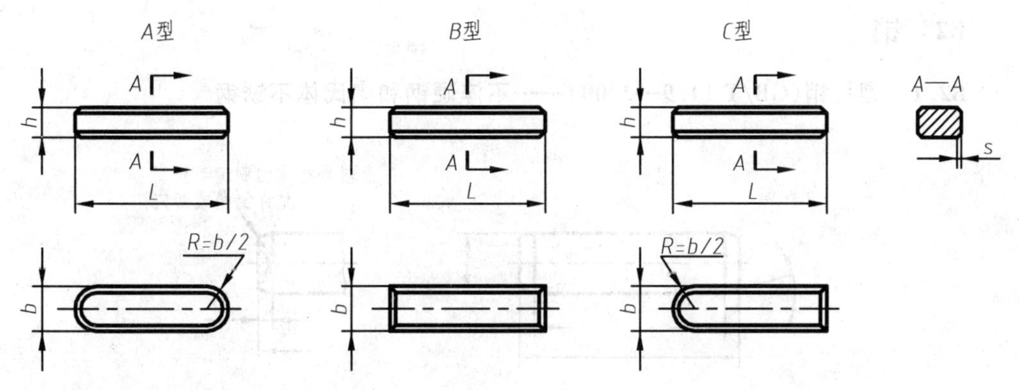

标 记 示 例

宽度 b=16mm、高度 h=10mm、长度 L=100mm 普通 A 型平键的标记为：

GB/T　1096　键 16×10×100

表　B2　　　　mm

宽度 b	基本尺寸		2	3	4	5	6	8	10	12	14	16	18	20	22
	极限偏差(h8)		0 −0.014		0 −0.018			0 −0.022		0 −0.027				0 −0.033	
高度 h	基本尺寸		2	3	4	5	6	7	8	8	9	10	11	12	14
	极限偏差	矩形(h11)						0 −0.090					0 −0.110		
		方形(h8)	0 −0.014		0 −0.018			—					—		
倒角或倒圆 s			0.16～0.25			0.25～0.40			0.40～0.60					0.60～0.80	
长度 L															
基本尺寸	极限偏差(h14)														
6	0 −0.36				—	—	—	—	—	—	—	—	—	—	—
8						—	—	—	—	—	—	—	—	—	—
10							—	—	—	—	—	—	—	—	—
12	0 −0.43						—	—	—	—	—	—	—	—	—
14								—	—	—	—	—	—	—	—
16								—	—	—	—	—	—	—	—
18					标				—	—	—	—	—	—	—
20	0 −0.52								—	—	—	—	—	—	—
22			—			准				—	—	—	—	—	—
25			—							—	—	—	—	—	—
28			—				长				—	—	—	—	—
32	0 −0.62		—								—	—	—	—	—
36			—					度				—	—	—	—
40			—	—								—	—	—	—
45			—	—					范				—	—	—
50			—	—	—									—	—
56	0 −0.74		—	—	—					围					—
63			—	—	—	—									
70			—	—	—	—									
80			—	—	—	—	—								

B2 销

B2.1 圆柱销(GB/T 11.9—2000)——不淬硬钢和奥氏体不锈钢

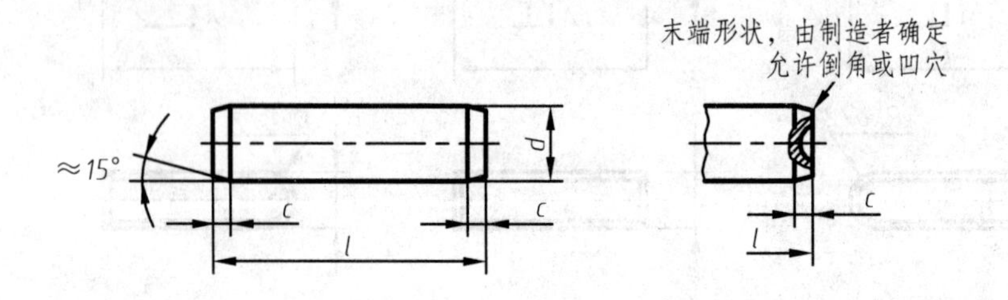

标 记 示 例

公称直径 d=6、公差为 m6、公称长度 l=30、材料为钢、不经淬火、不经表面处理的圆柱销：

销 GB/T 119.1 6m6×30

表 B3 mm

公称直径 d(m6/h8)	0.6	0.8	1	1.2	1.5	2	2.5	3	4	5
c≈	0.12	0.16	0.20	0.25	0.30	0.35	0.40	0.50	0.63	0.80
l(商品规格范围公称长度)	2～6	2～8	4～10	4～12	4～16	6～20	6～24	8～30	8～40	10～50
公称直径 d(m6/h8)	6	8	10	12	16	20	25	30	40	50
c≈	1.2	16	2.0	2.5	3.0	3.5	4.0	5.0	6.3	8.0
l(商品规格范围公称长度)	12～60	14～80	18～95	22～140	26～180	35～200	50～200	60～200	80～200	95～200
l系列	2,3,4,5,6,8,10,12,14,16,18,20,22,24,26,28,30,32,35,40,45,50,55,60,65,70,75,80,85,90,95,100,120,140,160,180,200									

注：1. 材料用钢时，硬度要求为 125～245HV30，用奥氏体不锈钢 A1(GB/T 3098.6)时，硬度要求为 210～280HV30。

2. 公差 m6：Ra≤0.8μm；公差 h8：Ra≤1.6μm。

B2.2　圆锥销(GB/T 117—2000)

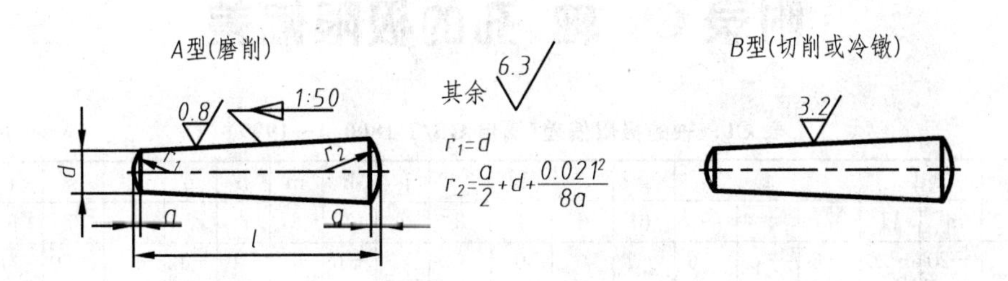

标 记 示 例

公称直径 $d=100$、公称长度 $l=60$、材料为 35 钢、热处理硬度 28～38HRC、表面氧化处理的 A 型圆锥销：

销　GB/T 117　10×60

表　B4　　mm

d(公称)	0.6	0.8	1	1.2	1.5	2	2.5	3	4	5
a≈	0.08	0.1	0.12	0.16	0.2	0.25	0.3	0.4	0.5	0.63
l(商品规格范围公称长度)	4～8	5～12	6～16	6～20	8～24	10～35	10～35	12～45	14～55	18～60
d(公称)	6	8	10	12	16	20	25	30	40	50
a≈	0.8	1	1.2	1.6	2	2.5	3	4	5	6.3
l(商品规格范围公称长度)	22～90	22～120	26～160	32～180	40～200	45～200	50～200	55～200	60～200	65～200
l 系列	2,3,4,5,6,8,10,12,14,16,18,20,22,24,26,28,30,32,35,40,45,50,55,60,65,70,75,80,85,90,95,100,120,140,160,180,200									

附录C 轴、孔的极限偏差

表C1 轴的极限偏差(摘自GB/T 1800.4—1999) μm

基本尺寸	d		f			g	h			js	k	m	n	p	r	s	t	u
	9	11	7	8	9	6	6	7	8	7	7	6	6	6	6	6	6	6
>0~3	−20 −45	−20 −80	−6 −16	−6 −20	−6 −31	−2 −8	0 −6	0 −10	0 −14	±5	+10 0	+8 +2	+10 +4	+12 +6	+16 +10	+20 +14		+24 +18
>3~6	−30 −60	−30 −105	−10 −22	−10 −28	−10 −40	−4 −12	0 −8	0 −12	0 −18	±6	+13 +1	+12 +4	+16 +8	+20 +12	+23 +15	+27 +19		+31 +23
6~10	−40 −76	−40 −130	−13 −28	−13 −35	−13 −49	−5 −14	0 −9	0 −15	0 −22	±7	+16 +1	+15 +6	+19 +10	+24 +15	+28 +19	+32 +23		+37 +28
10~18	−50 −93	−50 −160	−16 −34	−16 −43	−16 −59	−6 −17	0 −11	0 −18	0 −27	±9	+19 +1	+18 +7	+23 +12	+29 +18	+34 +23	+39 +28		+44 +33
18~24	−65 −117	−65 −195	−20 −41	−20 −53	−20 −72	−7 −20	0 −13	0 −21	0 −33	±10	+23 +2	+21 +8	+28 +15	+35 +22	+41 +28	+48 +35		+54 +41
24~30																	+54 +41	+61 +48
30~40	−80 −142	−80 −240	−25 −50	−25 −64	−25 −87	−9 −25	0 −16	0 −25	0 −39	±12	+27 +2	+25 +9	+33 +17	+42 +26	+50 +34	+59 +43	+64 +48	+76 +60
40~50																	+70 +54	+86 +70
50~65	−100 −174	−100 −290	−30 −60	−30 −76	−30 −104	−10 −29	0 −19	0 −30	0 −46	±15	+32 +2	+30 +11	+39 +20	+51 +32	+60 +41	+72 +53	+85 +66	+106 +87
65~80															+62 +43	+78 +59	+94 +75	+121 +102
80~100	−120 −207	−120 −340	−36 −71	−36 −90	−36 −123	−12 −34	0 −22	0 −35	0 −54	±17	+38 +3	+35 +13	+45 +23	+59 +37	+73 +51	+93 +71	+113 +91	+146 +124
100~120															+76 +54	+101 +79	+126 +104	+166 +144
120~140	−145 −245	−145 −395	−43 −83	−43 −106	−43 −143	−14 −39	0 −25	0 −40	0 −63	±20	+43 +3	+40 +15	+52 +27	+68 +43	+88 +63	117 +92	+147 +122	+195 +170
140~160															+90 +65	+125 +100	+159 +134	+215 +190
160~180															+93 +68	+133 +108	+171 146	+235 +210

续表

基本尺寸	d 9	d 11	f 7	f 8	f 9	g 6	h 6	h 7	h 8	js 7	k 7	m 6	n 6	p 6	r 6	s 6	t 6	u 6
180～200	−170 −285	−170 −460	−50 −96	−50 −122	−50 −165	−15 −44	0 −29	0 −46	0 −72	±23	+50 +4	+46 +17	+60 +31	+79 +50	+106 +77	+151 122	+195 +166	+365 +236
200～225															+109 +80	+159 130	+209 +180	+287 +258
225～250															+113 +84	+169 140	+225 +196	+313 +281
250～280	−190 −320	−190 −510	−56 −108	−56 −137	−56 −186	−17 −49	0 −32	0 −52	0 −81	±26	+56 +4	+52 +20	+66 +34	+88 +56	+126 +94	+190 158	+250 +218	+347 +315
280～315															+130 +98	+202 170	+272 +240	+382 +350
315～355	−210 −350	−210 −570	−62 −119	−62 −151	−62 −202	−18 −54	0 −36	0 −57	0 −89	±28	+61 +4	+57 +21	+98 +62	+98 +62	+144 +108	+226 +190	+304 +268	+426 +390
355～400															+150 +114	+244 +208	+330 +294	+471 +435

表C2　孔的极限偏差(摘自GB/T 1800.4—1999)　　　μm

基本尺寸	D 9	D 11	F 7	F 8	F 9	G 7	H 7	H 8	H 9	JS 8	K 7	M 7	N 7	P 7	R 7	S 7	T 7	U 7
>0～3	+45 +20	+80 +20	+16 +6	+20 +6	+31 +6	+12 +2	+10 0	+14 0	+25 0	±7	0 −10	−2 −12	−4 −14	−6 −16	−10 −20	−14 −24		−18 −28
>3～6	+60 +30	+105 +30	+22 +10	+28 +10	+40 +10	+16 +4	+12 0	+18 0	+30 0	±9	+3 −9	0 −12	−4 −16	−8 −20	−11 −23	−15 −27		−19 −31
6～10	+76 +40	+130 +40	+28 +13	+35 +13	+49 +13	+20 +5	+15 0	+22 0	+36 0	±11	+5 −10	0 −15	−4 −19	−9 −24	−13 −28	−17 −32		−22 −37
10～18	+93 +50	+160 +50	+34 +16	+43 +16	+59 +16	+24 +6	+18 0	+27 0	+43 0	±13	+6 −12	0 −18	−5 −23	−11 −29	−16 −34	−21 −39		−26 −44
18～24	+117 +65	+195 +65	+41 +20	+53 +20	+72 +20	+28 +7	+21 0	+33 0	+52 0	±16	+6 −15	0 −21	−7 −28	−14 −35	−20 −41	−27 −48		−33 −54
24～30																	−33 −54	−40 −61
30～40	+142 +80	+240 +80	+50 +25	+64 +25	+87 +25	+34 +9	+25 0	+39 0	+62 0	±19	+7 −18	0 −25	−8 −33	−17 −42	−25 −50	−34 −59	−39 −64	−51 −76
40～50																	−45 −70	−61 −81
50～65	+174 +100	+290 +100	+60 +30	+76 +30	+104 +30	+40 +10	+30 0	+46 0	+74 0	±23	+9 −21	0 −30	−9 −39	−21 −51	−30 −60	−42 −72	−55 −85	−76 −106
65～80															−32 −60	−48 −78	−64 −94	−91 −121

续表

基本尺寸	D		F			G	H			JS	K	M	N	P	R	S	T	U
	9	11	7	8	9	7	7	8	9	8	7	7	7	7	7	7	7	7
80～100	+207 +120	+340 +120	+71 +36	+90 +36	+123 +36	+47 +12	+35 0	+54 0	+87 0	±27	+10 −25	0 −35	+45 +23	−24 −59	−38 −73	−58 −93	−78 −113	−111 −146
100～120															−41 −76	−66 −101	−91 −125	−131 −166
120～140															−48 −88	−77 −117	−107 −147	−155 −195
140～160	+245 +145	+395 +145	+83 +43	+106 +43	+143 +43	+54 +14	+40 0	+63 0	+100 0	±31	+12 −28	0 −40	+52 +27	−28 −68	−50 −90	−85 −125	−119 −159	−175 −215
160～180															−53 −93	−93 −133	−131 −171	−195 −235
180～200															−60 −106	−105 −151	−149 −195	−219 −265
200～225	+285 +170	+460 +170	+96 +50	+122 +50	+165 +50	+61 +15	+46 0	+72 0	+115 0	±36	+13 −33	0 −46	+60 +31	−33 −79	−63 −109	−113 −159	−163 −209	−241 −287
225～250															−67 −113	−123 −169	−179 −225	−267 −313
250～280	+320 +190	+510 +190	+108 +56	+137 +56	+186 +56	+69 +17	+52 0	+81 0	+130 0	±40	+16 −36	0 −52	+66 +34	−36 −88	−74 −126	−138 −190	−198 −250	−295 −347
280～315															−78 −130	−150 −202	−220 −272	−330 −382
315～355	+350 +210	+570 +210	+119 +62	+151 +62	+202 +62	+75 +18	+57 0	+89 0	+140 0	±44	+17 −40	0 −57	+98 +62	−41 −98	−87 −144	−169 −226	−247 −304	−369 −426
355～400															−93 −150	−187 −244	−273 −330	−414 −471

附录D　推荐选用的配合

表D1　基孔制优先、常用配合(摘自 GB/T 1801—1999)

基准孔	轴													
	c	d	f	g	h	js	k	m	n	p	r	s	t	u
	间隙配合					过渡配合			过盈配合					
H6			H6/f5	H6/g5	H6/h5	H6/js5	H6/k5	H6/m5	H6/n5	H6/p5	H6/r5	H6/s5	H6/t5	
H7			H7/f6	* H7/g6	* H7/h6	H7/js6	* H7/k6	H7/m6	* H7/n6	* H7/p6	H7/r6	* H7/s6	H7/t6	* H7/u6
H8			* H8/f7	H8/g7	* H8/h7	H8/js7	H8/k7	H8/m7	H8/n7	H8/p7	H8/r7	H8/s7	H8/t7	H8/u7
		H8/d8	H8/f8		H8/h8									
H9	H9/c9	* H9/d9	H9/f9		* H9/h9									
H10	H10/c10	H10/d10			H10/h10									
H11	* H11/c11	H11/d11			* H11/h11									
H12					H12/h12									

注：1. H6/n5、H7/p6 在基本尺寸小于或等于 3mm 和 H8/r7 在小于或等于 100mm 时，为过渡配合；

2. 标注 * 的配合为优先配合。

表 D2　基轴制优先、常用配合(摘自 GB/T 1801—1999)

基准轴	孔													
	C	D	F	G	H	Js	K	M	N	P	R	S	T	U
	间隙配合					过渡配合				过盈配合				
h5			F6/h5	G6/h5	H6/h5	Js6/h5	K6/h5	M6/h5	N6/h5	P6/h5	R6/h5	S6/h5	T6/h5	
h6			F7/h6	*G7/h6	*H7/h6	Js7/h6	*K7/h6	M7/h6	N7/h6	*P7/h6	R7/h6	*S7/h6	T7/h6	*U7/h6
h7			*F8/h7		*H8/h7	Js8/h7	K8/h7	M8/h7	N8/h7					
h8		D8/h8	F8/h8		H8/h8									
h9		*D9/h9	F9/h9		*H9/h9									
h10		D10/h10			H10/h10									
h11	*C11/h11	D11/h11			*H11/h11									
h12					H12/h12									

注：标注 * 的配合为优先配合。

附录E 常用材料及热处理

表 E1 钢

标准	名称	钢号	应用举例	说明
GB/T 700—1988	碳素结构钢	Q215	受轻载荷机件、铆钉、螺钉、垫片、外壳、焊件、螺栓、螺母、拉杆、钩、连杆、楔、轴	Q为钢的屈服点的“屈”字汉语拼音首位字母，数字为屈服点数值（单位 N/mm^2）
		Q235		
		Q275		
GB/T 699—1988	优质碳素结构钢	30	曲轴、转轴、轴销、连杆、横梁、星轮、齿轮、齿条、链轮、凸轮、轧辊、曲柄轴、活塞杆、轮轴、齿轮、不重要的弹簧、万向联轴器，高负荷下耐磨的热处理零件，大尺寸的各种扁、圆弹簧和发条	数字表示钢中平均含碳量的万分数，例如，45 表示平均含碳量为 0.45%
		35		
		40		
		45		
		50		
		55		
		60		
		30Mn		含锰量 0.7%～1.2% 的优质碳素钢
		65Mn		
GB/T 3077—1988	合金结构钢	40Cr	较重要的调质零件：齿轮、进气阀、辊子、强度及耐磨性高的轴、齿轮、螺栓，汽车上重要的渗碳件，拖拉机上强度特高的渗碳齿轮，强度高、耐磨性高的大齿轮，主轴、机座、箱体、支架等	1. 合金结构钢前面两位数字；表示钢中含碳量的万分数； 2. 合金元素以化学符号表示； 3. 合金元素含量小于 1.5% 时仅注出元素符号
		45Cr		
		18CrMnTi		
		30CrMnTi		
		40CrMnTi		
GB/T 11352—1988	铸钢	ZG25		ZG 表示铸钢，数字表示名义含碳量的万分数
		ZG45		

表 E2 铸铁

名称	牌号	特性及应用举例	说明
灰铸铁	HT150	低强度铸铁：盖、手轮、支架； 高强度铸铁：床身、机座、齿轮、凸轮、汽缸泵体； 高强度耐磨铸铁：齿轮、凸轮、高压泵、阀壳体、锻模； 球墨铸铁：用于具有较高强度，但塑性低的曲轴、凸轮轴、齿轮、汽缸、缸套、轧辊、水泵轴、活塞环、摩擦片； 黑心可锻铸铁：用于承受冲击振动的零件，如汽车、拖拉机、农机铸铁； 白心可锻铸铁：韧性较低，但强度高，耐磨性、加工性好，可代替低、中碳钢及低合金钢的重要零件，如曲轴、连杆、机床附件	HT 表示灰铸铁，后面的数字表示抗拉强度值（N/mm^2）
	HT200		
	HT350		
球墨铸铁	QT800-2		QT 表示球墨铸铁，其后第一组数字表示抗拉强度（N/mm^2），第二组数字表示延伸率（%）
	QT700-2		
	QT500-5		
	QT420-10		
可锻铸铁	KTH330-08		KT 表示可锻铸铁，H 表示黑心，B 表示白心，第一组数字表示抗拉强度值（N/mm^2），第二组数字表示延伸率（%）
	KTH370-12		
	KTB380-12		
	KTB400-05		
	KTB450-07		

表 E3 有色金属及合金

名　　称	牌　　号	应用举例	说　　明
普通黄铜	H62	普通黄铜用于散热器、垫圈、弹簧、螺钉等； 铸造黄铜用于轴瓦、轴套及其他耐磨零件； 锡青铜用于承受摩擦的零件，如轴承； 铝青铜强度高，减磨性、耐蚀性、铸造性良好，可用于制造蜗轮、衬套和防锈零件； 铸造铝合金用于载荷不大的薄壁零件、受中等载荷的零件以及需保持固定尺寸的零件	H表示黄铜，后面数字表示平均含铜量的百分数
铸造黄铜	ZHMn58-2-2		牌号的数字表示含铜、锰、铅的平均百分数
铸造锡青铜	ZQSn 5-5-5 ZQSn 6-6-3		Q表示青铜，其后数字表示含锡、锌、铅的平均百分数
铸造铝青铜	ZQAl 9-2 ZQAl 9-4		字母后的数字表示含铝、铁的平均百分数
铸造铝合金	ZL 201 ZL 301 ZL 401		L表示铝，后面的数字表示顺序号

表 E4 常用热处理和表面处理

名　　称	代号及标注举例	说　　明	目　　的
退火	Th	加热→保温→随炉冷却	消除铸、锻、焊零件的内应力，降低硬度，细化晶粒，增加韧性
正火	Z	加热→保温→空气冷却	处理低碳钢、中碳结构钢，增加强度与韧性，改善切削性能
淬火	C C48	加热→保温→急冷，淬火回火至45～50HRC	提高机件强度及耐磨性。但淬火后引起内应力使钢变脆，所以淬火后必须回火
调质	T T235	淬火＋高温回火，调质至220～250HB	提高韧性及强度，重要的齿轮、轴及丝杆等零件需调质
高频淬火	G G52( )	高频电流加热→急速冷却。高频淬火后，回火至50～55HRC	提高表面硬度及耐磨性，常用来处理齿轮
渗碳淬火	S—C S 0.5—C 59	渗碳后，再淬火回火。渗碳层深0.5，硬度56～62HRC	提高表面的硬度、耐磨性、抗拉强度
氮化	D D 0.3—900	氨气内加热，使氮原子渗入表面。氮化深度0.3，硬度大于850HV	提高表面硬度、耐磨性、疲劳强度和抗蚀能力
氰化	Q Q59	碳氮原子渗入钢表面，得到氰化层。淬火后，回火至56～62HRC	提高表面硬度、耐磨性、疲劳强度和耐蚀性
时效	时效处理	加热到100～150℃后，保温5～20h，空冷，铸件可天然时效，露天放一年以上	消除内应力，稳定机件形状和尺寸
发蓝发黑	发蓝或发黑	氧化剂内加热，使表面形成氧化铁保护膜	防腐蚀、美化，如用于螺纹连接件
镀镍		用电解方法，在钢件表面镀一层镍	防腐蚀、美化
镀铬		用电解方法，在钢件表面镀一层铬	提高表面硬度、耐磨性和耐蚀能力，也用于修复零件上磨损了的表面

参 考 文 献

[1] 国家质量技术监督局.中华人民共和国国家标准：技术制图与机械制图.北京：中国标准出版社,2004
[2] 王冰.机械制图测绘及学习与训练指导.北京：高等教育出版社,2002
[3] 丁红宇,黄辉.制图标准手册.北京：中国标准出版社,2003
[4] 刘朝儒,彭福荫,高政一.机械制图.北京：高等教育出版社,2000
[5] 陆润民,许纪旻.机械制图.北京：清华大学出版社,2006
[6] 谢军.现代机械制图.北京：机械工业出版社,2006
[7] 马俊,王玫.机械制图.北京：北京邮电大学出版社,2007
[8] 郑建中.机器测绘技术.北京：机械工业出版社,2002
[9] 董国耀.机械制图.北京：清华大学出版社,1997
[10] 胡宜鸣.机械制图.北京：高等教育出版社,2001
[11] 邹宜侯,窦墨林,潘海东.机械制图(第5版).北京：清华大学出版社,2006
[12] 杨惠英,王玉坤.机械制图(近机类、非机类)(第2版).北京：清华大学出版社,2008

质检5